全国高等职业学校机械类专业教材

机床夹具

（第二版）

人力资源社会保障部教材办公室组织编写

中国劳动社会保障出版社

简介

本书主要内容包括：机床夹具基础知识、工件在夹具中的定位、工件的夹紧、夹具体及夹具的对定、夹具图的绘制、典型机床夹具、新型机床夹具等。

本书由洪惠良任主编，孙喜兵、何子卿任副主编，陈烨妍、徐小燕、魏小兵参加编写，崔兆华任主审。

图书在版编目（CIP）数据

机床夹具/人力资源社会保障部教材办公室组织编写. -- 2 版. -- 北京：中国劳动社会保障出版社，2022

全国高等职业学校机械类专业教材

ISBN 978-7-5167-4867-1

Ⅰ.①机… Ⅱ.①人… Ⅲ.①机床夹具-设计-高等职业教育-教材 Ⅳ.①TG750.2

中国版本图书馆 CIP 数据核字（2021）第 245216 号

中国劳动社会保障出版社出版发行

（北京市惠新东街 1 号　邮政编码：100029）

*

北京市科星印刷有限责任公司印刷装订　　新华书店经销

787 毫米×1092 毫米　16 开本　13.25 印张　314 千字
2022 年 4 月第 2 版　　2022 年 4 月第 1 次印刷
定价：**33.00 元**

读者服务部电话：（010）64929211/84209101/64921644
营销中心电话：（010）64962347
出版社网址：http://www.class.com.cn
http://jg.class.com.cn

前言
PREFACE

为了更好地适应全国高等职业学校机械类专业的教学要求，全面提升教学质量，人力资源社会保障部教材办公室组织有关学校的一线教师和行业、企业专家，在充分调研企业生产和学校教学情况、广泛听取教师对教材使用反馈意见的基础上，对全国高等职业学校机械类专业教材进行了修订。

本次教材修订工作的重点主要体现在以下几个方面：

第一，合理更新教材内容。

根据机械类专业毕业生所从事岗位的实际需要和教学实际情况的变化，合理确定学生应具备的能力与知识结构，对部分教材内容及其深度、难度做了适当调整，对部分学习任务进行了优化；根据相关专业领域的最新发展，在教材中充实新知识、新技术、新设备、新材料等方面的内容，体现教材的先进性；采用最新国家技术标准，使教材更加科学和规范。

第二，精心设计教材形式。

在教材内容的呈现形式上，尽可能使用图片、实物照片和表格等形式将知识点生动地展示出来，力求让学生更直观地理解和掌握所学内容。针对不同的知识点，设计了许多贴近实际的互动栏目，在激发学生学习兴趣和自主学习积极性的同时，使教材"易教易学，易懂易用"。在教材插图的制作中采用了立体造型技术，同时部分教材在印刷工艺上采用了四色印刷，增强了教材的表现力。

第三，引入"互联网+"技术，进一步做好教学服务工作。

在《机床夹具（第二版）》《金属切削原理与刀具（第二版）》教材中使用了增强现实（AR）技术。学生在移动终端上安装 App，扫描教材中带有 AR 图标的页面，可以对呈现的立体模型进行缩放、旋转、剖切等操作，以及观察模型的运动和拆分动画，便于更直观、细致地探究机构的内部结构和工作原理，还可以浏览相关视频、图片、文本等拓展资料。在部分教材中使用了二维码技术，针对教材中的教学重点和难点制作了动画、视频、微课等多媒体资源，学生使用移动终端扫描二维码即可在线观看相应内容。

本套教材配有习题册，另外，还配有方便教师上课使用的电子课件，电子课件和习题册答案可通过技工教育网（http://jg.class.com.cn）下载。

本次教材的修订工作得到了河北、江苏、浙江、山东、河南等省人力资源社会保障厅及有关学校的大力支持，在此我们表示诚挚的谢意。

人力资源社会保障部教材办公室

2021 年 8 月

目 录
CONTENTS

机床夹具基础知识

机械加工是通过刀具和工件之间的相对运动来完成的，为了在工件的某一部位加工出符合技术要求规定的表面，在进行机械加工前，必须先装夹工件，以确保工件获得并保持正确的位置。根据工件加工批量、精度要求、尺寸大小的不同，可以采用的装夹方式有直接找正装夹、划线找正装夹和使用夹具装夹。

任务一　认识机床夹具

知识点：
◎ 工件的装夹方式。
◎ 夹具的概念及种类。
◎ 夹具的结构。
◎ 夹具的作用。

能力点：
◎ 能对机床夹具的构成及机床夹具装夹工件的原理进行简单分析。

任务提出

作为机械制造中的一种重要工艺装备，夹具的应用越来越普遍，图 1-1 所示为套筒工件铣键槽夹具。该夹具是由哪些元件构成的？它如何实现工件的定位与夹紧？

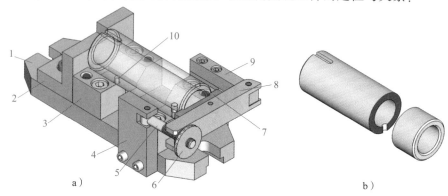

图 1-1 套筒工件铣键槽夹具

a）夹具 b）工件

1—底座 2—L 形板（对刀块） 3—V 形块 4、9—支柱 5—转动螺杆 6—螺母 7—浮动压头 8—铰链压板 10—削边销

任务分析

在机械制造的各类工序（如机械加工、焊接、装配、检验等）中，使用着大量的夹具。因为夹具装夹的工件各不相同，所以夹具的结构也各式各样。要想回答上述问题，必须先了解夹具的一般知识，即了解夹具的概念和结构以及夹具在机械加工中所起的作用等。

知识准备

1. 工件的装夹方式

（1）直接找正装夹

直接找正装夹是采用划针或百分表，以目测法直接在机床上找正工件位置的装夹方式，如图 1-2 所示。工件在机床上应有的位置是通过一系列的尝试，即一边校验一边找正而获得的。

直接找正装夹效率较低，要凭经验操作，对操作者的技术水平要求高，一般只用于单件、小批量生产中。

（2）划线找正装夹

划线找正装夹是在毛坯上先划线（如中心线、对称线、待加工表面加工线等），然后按照划线找正工件在机床上的位置，如图 1-3 所示。对于形状复杂的工件，往往需要经过几次划线。

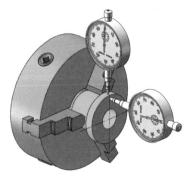

图 1-2 直接找正装夹

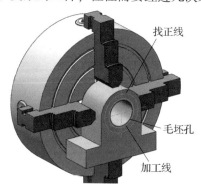

找正线

毛坯孔

加工线

图 1-3 划线找正装夹

划线找正装夹不但费时，还需要有技术水平高的操作者，而且找正精度不高，一般只用于批量不大、形状复杂、笨重、毛坯尺寸公差很大的工件。

（3）使用夹具装夹

夹具是机床的一种附加装置，它在机床上与刀具间正确的相对位置在工件未装夹前已预先调整好，所以在加工一批工件时不必逐个找正，就能保证加工的技术要求，既省事又省工，这种装夹方式在成批和大量生产中广泛使用。

2. 夹具的概念及种类

（1）夹具的概念

根据机械加工工艺规程的要求，在机械加工中用来正确地确定工件和刀具的相对位置，并且合适而迅速地将工件夹紧的机床附加装置称为机床夹具，一般简称夹具。

（2）夹具的种类

夹具种类繁多，形状千差万别，按夹具的通用特性，常用的夹具有通用夹具、专用夹具、可调夹具、成组夹具、组合夹具和自动线夹具六大类，见表1-1。

表1-1　　夹具的种类

种类	图例	说明
通用夹具		通用夹具是指结构、尺寸已标准化，且具有一定通用性的夹具，如三爪自定心卡盘、台虎钳等。其特点是适用性强，不需调整或稍加调整即可装夹一定形状范围内的各种工件
专用夹具		专用夹具是针对某一工件的某一工序的加工要求而专门设计及制造的夹具。其特点是针对性极强，没有通用性
可调夹具		可调夹具是针对通用夹具和专用夹具的缺陷而发展起来的一类夹具。对于不同类型和尺寸的工件，只需调整或更换原来夹具上的个别元件便可使用
成组夹具		成组夹具是在成组加工技术基础上发展起来的一类夹具，它是根据成组加工工艺的原则，针对一组形状相近的零件专门设计的，它由通用基础件和可更换调整元件组成

续表

种类	图例	说明
组合夹具		组合夹具是一种由标准元件组装而成的模块化的夹具，即装即用，用毕即可拆卸
自动线夹具		自动线夹具是一种在自动化加工和流水作业中使用的夹具

专用夹具是机床夹具课程的主要研究对象，根据专用夹具使用的机床及其工序内容的不同，可以将其分为钻床夹具、铣床夹具、车床夹具、磨床夹具、镗床夹具、齿轮加工机床夹具、电加工机床夹具、数控机床夹具等。

3. 夹具的结构

生产中使用的夹具，因装夹的工件各不相同而结构各异，如果将夹具中作用相同的元件或机构进行归纳，则夹具一般由定位装置、夹紧装置和夹具体三大主要部分组成。

（1）定位装置

工件在机床上进行加工时，必须保证工件相对于刀具处于一个正确的位置。对于批量较小或是单件生产的产品，这个正确位置可通过直接找正或划线找正来保证；对于批量较大的产品，这个正确位置通常由夹具中的定位装置来保证。

定位装置由各种标准或非标准定位元件组成，它是夹具的核心部分。在进行夹具设计时，应根据工件的具体情况设置各类定位元件，以保证工件在夹具中位置的同一性和正确性。常用的定位元件有 V 形块、心轴、套筒、角铁等，如图 1-4 所示。

a）　　　　　　b）　　　　　　c）　　　　　　d）

图 1-4　常用的定位元件
a）V 形块　b）心轴　c）套筒　d）角铁

（2）夹紧装置

工件在机械加工过程中会受到切削力、惯性力和重力等外力作用，若工件因此发生位置变动，轻则造成废品，重则损坏刀具或机床，故夹具应通过夹紧装置对工件实施夹紧。

同定位装置一样，夹紧装置也是夹具中的重要组成部分。夹紧装置通常由起基本夹紧作用的各种夹紧机构构成。其中，应用最为普遍的是斜楔夹紧机构、螺旋夹紧机构和偏心夹紧机构。图 1-5 所示为直接拉紧式螺旋夹紧机构。

一般情况下，机床夹具的主要作用是使工件在夹具中定位并夹紧。夹具相对于机床和刀具位置的正确性则要靠夹具与机床、刀具的对定来保证。

（3）夹具体

夹具体是整个夹具的基础和骨架。通过它将夹具上其他各类装置连接成一个有机整体，并实现与机床的连接，如图 1-6 所示。

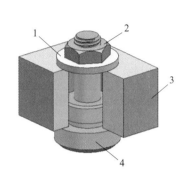

图 1-5　直接拉紧式螺旋夹紧机构
1—垫圈　2—紧固螺母　3—工件　4—定位轴钉

图 1-6　夹具体
a）某钻床夹具夹具体　b）某车床夹具夹具体（花盘）

另外，根据不同的使用要求，夹具还可以设置对刀装置、刀具引导装置、回转分度装置及其他辅助装置。需要指出的是，当切削力较小、工件自重较大或者可以依靠切削力来增大摩擦力而固定工件时，也可以不设夹紧装置。

4. 夹具的作用

机床夹具在生产中有重要的作用，见表 1-2。

表 1-2　　　　　　　　　　　　　　夹具在生产中的作用

作用	相关说明
保证工件加工精度，稳定整批工件的加工质量	通过设计及应用夹具解决了工件的可靠定位和稳定装夹问题，可使同一批工件的安装结果高度统一，使各工件间的加工条件差异性大为减小。因此，夹具可以在保证加工精度的基础上极大地稳定整批工件的加工质量
提高劳动生产率	依靠夹具所设置的专门定位元件和高效夹紧装置，可以快速而准确地完成工件在加工工位上的定位和夹紧，省去了逐个对工件进行找正的装夹过程，大大缩短了工件的装夹辅助工时。这对于大批量生产的工件，尤其是外形轮廓较复杂、不易找正装夹的工件作用更大
改善工人的劳动条件	采用夹具可使工件装夹方便而快捷，减轻工人的劳动强度
降低对工人技术等级的要求	夹具的应用使得工件的装夹操作大为简化，使得一些生产技术并不熟练的工人有可能胜任原来只能由熟练技术工人才能完成的复杂工件的精确装夹工作，从而降低对工人的装夹技术要求

任务实施

图 1-1 所示的铣键槽夹具属于铣床夹具，它是专用夹具。如图 1-7a 所示，L 形板（对

刀块）、V形块、削边销等元件构成了该夹具的定位装置；如图1-7b所示，浮动压头、铰链压板、转动螺杆和螺母等元件构成了该夹具的夹紧装置；如图1-7c所示，底座为夹具体。

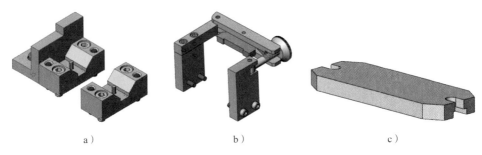

a）　　　　　　　　　　b）　　　　　　　　　　c）

图1-7　铣键槽夹具的构成

a）定位装置　b）夹紧装置　c）夹具体

对于铣键槽夹具来说，加工前，首先调整好夹具在铣床工作台上的位置，然后确定好铣刀的位置；加工时，只需以套筒外圆柱面和左端面为基准，将工件安装在V形块上，确保其端面顶住L形板，即可确定工件在夹具中的位置，然后拧紧螺母将工件夹紧，以保证工件已确定的位置在加工过程中不再发生变化。当加工好第一个键槽后，松开螺母，将工件回转180°，找正位置后（即通过削边销与第一个键槽的配合），再次拧紧螺母将工件夹紧，即可进行第二个键槽的加工。如此循环，完成批量套类零件键槽的铣削加工。

✿ 知识链接

现代机床夹具的发展方向

随着现代科学技术的进步和社会生产力的发展，机床夹具已由一种简单的辅助工具发展成为门类齐全的重要机械加工工艺装备。现代机床夹具的主要发展方向为高精度、高效率、柔性化和标准化等。

1. 高精度

随着各类产品制造精度日益提高，对机床及夹具的精度要求也越来越高。为适应高精度产品的加工需要，各类高精度夹具也以较快的速度向前发展，高精度成为机床夹具发展的一个重要方向。目前，用于精密车削的高精度三爪自定心卡盘的定心精度已可达5 μm以内；高精度心轴的同轴度误差可控制在1 μm以内；用于轴承座圈磨削的电磁无心夹具可使工件的圆度误差控制为0.2~0.5 μm；用于精密分度的端齿盘分度回转工作台的直接分度值可达15′，其重复定位精度和分度对定误差可控制在1″以内。

2. 高效率

高效率切削加工主要体现在高速切削、大用量、重负荷三个方面，而高效夹具除应适应高效加工的夹紧要求外，还表现在工件安装的自动化程度、准确性和灵活性，以尽量减少装夹辅助时间，减轻工人的劳动强度。在大规模的专业化生产中，常专门设置工件的安装工位，以使工件装夹辅助时间与机械加工的走刀时间相重合，以实现不停机连续加工。现代夹具，尤其是应用于各类自动作业线上的夹具，基本上都采用气动、液动、电动和机动等动力夹具，使工件装夹快速、准确，并可实现远程控制。另外，多件装夹夹具和复合工位夹具也都有较大的发展，在高效生产中发挥了很大的作用。

3. 柔性化

夹具的柔性化是指夹具依靠其自身的结构灵活性进行简单的组装、调整，即可适应生产加工不同情况需要，是夹具对生产条件的一种自适应能力。

随着各类数控机床和柔性制造系统等高精度、高机动性自动化机床以及以它们为核心的作业线的不断发展，对机床配套夹具的要求也越来越高，夹具与机床间的关系越来越密切，现代夹具将逐渐与机床融为一体，这种夹具与机床间的适应性发展极大地提高了机床的加工能力、机动性能，使得原来功能较为单一的高效、精密专用机床的功能大为改善。具有自动回转、翻转功能的高效能夹具的普及应用，使得部分中、小批量产品的生产率逐渐接近于专业化大批量生产的水平。

4. 标准化

机床夹具的标准化是促使现代夹具发展的一项十分重要的技术措施。

随着科学技术的飞速发展和我国改革开放步伐的加快，部分国家标准和行业标准与国际标准不统一，曾一度影响我国产品和技术与国际社会的顺利接轨，因此，国家有关部门对夹具零件、部件有关技术标准进行了修订和完善，颁布了新的夹具零件、部件推荐标准，为机床夹具的设计、制造及应用提供了规范性文件，推动了夹具的专业化生产。

思考与练习 ▶▶

1. 图 1-8 所示为钻削 $\phi6$ mm 孔的一种固定式钻模，试完成以下任务：

（1）分析其结构。

（2）简述其工作过程。

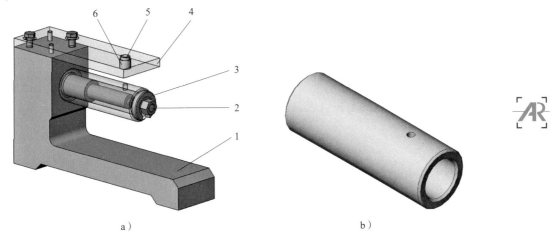

图 1-8 固定式钻模

a）钻孔夹具 b）工件

1—底座 2—销轴 3—开口垫圈 4—支承板 5—钻模套 6—套筒

2. 图 1-9 所示为用于摇臂钻床上加工后盖径向孔（$\phi10$ mm）的钻孔夹具，试完成以下任务：

（1）写出所列夹具零件的作用。

（2）简述其工作过程。

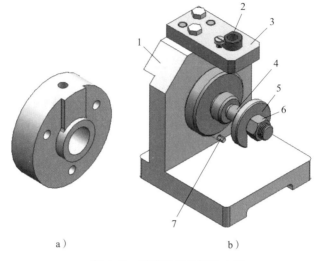

a)　　　　　　　　　　　　　　b)

图 1-9　后盖及后盖钻孔夹具

a）后盖　b）钻孔夹具

1—夹具体　2—钻模套　3—钻模板　4—定位心轴　5—开口垫圈　6—紧固螺母　7—削边销

任务二　夹具的要求和设计前期准备

知识点：

◎ 夹具的要求。

◎ 夹具设计的前期准备内容。

◎ 基准及其分类。

能力点：

◎ 能根据工件图样确定定位基准。

任务提出

在制造工业产品过程中，一般需要大量的专用机床夹具，如铣床夹具、车床夹具、钻床夹具、镗床夹具等。那么，专用夹具（如图 1-1 所示的套筒工件铣键槽夹具）的设计工作是如何展开的呢？

任务分析

机床夹具设计是机械制造工艺装备设计中的一个重要部分，是保证产品质量和提高劳动生产率的重要技术措施。为了完成专用夹具的设计工作，首先要了解夹具的要求，其次要做好夹具设计的前期准备。

知识准备

1. 夹具的要求

一般来说，夹具应满足以下四个方面的基本要求：

（1）保证工件的加工精度要求

夹具的定位与夹紧必须满足本工序的加工精度要求，这是对夹具的最基本要求。

（2）提高机械加工生产率

应用夹具后应能快速完成工件的装卸，明显缩短辅助工时，提高生产率。

（3）降低工件的生产成本

降低成本、提高效率是生产的要求。不能创造经济效益的夹具没有实际使用价值。为此，专用夹具应尽可能采用标准元件和标准结构，力求结构简单、制造容易。

（4）具有良好的工艺性

夹具结构要具有良好的工艺性，便于加工、装配、调整和检验。

2. 夹具设计的前期准备

一般来说，夹具的设计可分为前期准备、拟定结构方案、绘制夹具总装图、绘制夹具零件图四个阶段。为了达到夹具的要求，设计夹具时应先做好前期准备工作。

（1）准备设计资料

实际生产中应当掌握的夹具设计原始资料包括工件图样和工艺文件、生产纲领、夹具制造与使用情况。除此之外，应注意收集夹具的各类技术资料，包括夹具相关技术标准、设计参数、设计手册、夹具软件资料库等，以使具体设计工作能够顺利进行。

需要指出的是，为了不断提高生产的技术水平，应注意收集各种先进工艺方法和工艺装备等技术资料，以使新设计夹具的技术水平与现有高效生产状况和未来生产发展规划相适应。

（2）进行实际调查

夹具设计必须深入生产实际，了解车间的生产技术水平、生产的规模和生产批量，以确定夹具的复杂和自动化程度。必要时，还应了解库存夹具通用备件和组合夹具的情况，以便有效地利用库存元件，缩短夹具的制造周期。

企业设备的精度水平和是否配备有其他的动力资源（如压缩空气、液压系统等）直接决定夹具的精度及自动控制动力情况。

（3）分析工件图样

为了明确夹具设计任务，必须对工件图样进行技术分析，包括了解工件的工艺过程，明确本工序在整个加工工艺过程中的位置，掌握本工序加工精度要求和工件已加工表面情况等。

分析工件图样时，还要了解工件的材质、热处理情况、加工所用的刀具和切削用量等。

（4）确定定位基准

通过分析工件图样，明确工序加工内容，并在此基础上确定定位基准。

工件通常是由具有几何关系的若干几何要素构成的实体。用来确定工件上几何要素间的几何关系所依据的点、线、面称为基准。它是计算及测量几何要素位置尺寸的起始。在机械加工中，选择工件上哪些点、线、面作为基准，将直接影响工件各表面间的相互位置精度。

根据所起作用和应用场合不同，基准可分为设计基准和工艺基准两类。

1）设计基准

设计图样上所采用的基准称为设计基准。设计基准是在设计图样中作为确定某一几何要素位置的设计尺寸起始的点、线、面。以图 1-10 所示的带肩固定钻套为例，端面 M 是端面 N 和端面 P 的设计基准。这是因为确定 N、P 位置的尺寸 5 mm 和 37 mm 的尺寸线起始于端面 M。外圆和内孔各表面的设计基准是轴线 O—O，其尺寸两端均指向同一表面。这是因为回转体表面一般以直径测量其大小，而确定圆的位置的基本参数是圆心位置，所以以直径尺寸中点的轴线是设计基准。图中，内孔表面的轴线也是 $\phi40n6$（$^{+0.033}_{+0.017}$）外圆表面径向圆跳动公差和端面 N 轴向圆跳动公差的设计基准。

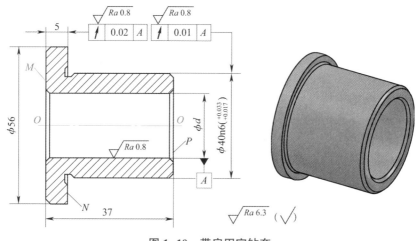

图 1-10　带肩固定钻套

2）工艺基准

在工艺过程中所采用的基准称为工艺基准。工艺基准的分类见表 1-3。

表 1-3　　　　　　　　　　　　　　　　工艺基准的分类

分类	相关说明
工序基准	在工序图上用来确定本工序加工表面加工后的尺寸、形状、位置的基准
定位基准	在加工中用作定位的基准。用来确定工件在机床上或夹具中的正确位置
测量基准	测量时所采用的基准。用来测量已加工表面位置的点、线、面或它们的组合
装配基准	装配时用来确定零件或部件在产品中的相对位置所采用的基准

在夹具的设计和应用中主要涉及工序基准和定位基准。

①工序基准

工件一般有两类加工精度要求：一类为尺寸精度，由工序图上的尺寸公差来限定及控制；另一类为位置精度，由工序图上给出的位置公差要求来限定及控制。工序图在给出加工精度要求的同时给出了工序基准。

图 1-11 所示为圆柱形工件铣平面时的工序图。图 1-11a 所示工序加工内容为铣顶部平面，工序要求保证尺寸 h_1，尺寸 h_1 由工件的轴线向外给出，工序基准为轴线。图 1-11b 所示工序加工内容也为铣顶部平面，但工序图上要求保证尺寸 h_2，此时工序基准不再是工件的轴线，而是工件外圆柱面的下素线。

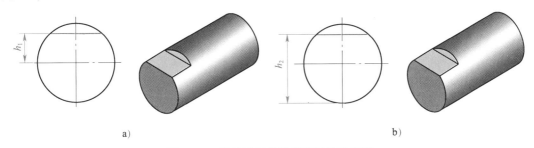

a)　　　　　　　　　　　　　　　　b)

图 1-11　圆柱形工件铣平面时的工序图

需要指出的是，工序基准是工件制造过程中各道加工工序对本工序加工精度要求的依据，它与设计基准不同，设计基准是工件最终加工结果的精度要求依据，两者不能混为一谈。

②定位基准

作为用来确定工件在夹具中位置的要素，定位基准的选择非常重要。在夹具设计中，应根据本工序基准，正确、合理地确定定位基准，尽量选择加工表面的工序基准为定位基准。

如图 1-11a 所示的铣顶部平面，最好以工序基准（轴线）作为定位基准；对于图 1-11b 所示的铣顶部平面，由于工序基准为工件下素线，因此最好选择下素线作为定位基准。

需要提醒的是，应注意定位基准与定位基准面的区别。前者确定工件在夹具中的位置，后者表明工件与定位元件接触或配合之处。定位基准一般为工件与夹具定位元件相接触的表面，也可以为工件的几何中心、对称线、对称面等。

任务实施

下面以图 1-1 所示的铣键槽夹具为例，对夹具设计的部分前期准备工作加以说明。

1. 分析工件图样

图 1-12 所示为在铣键槽夹具上所加工工件的图样。铣键槽工序是该工件机械加工工艺过程中的一道工序。在进入铣键槽工序前，该工件的其他表面均已经过机械加工。本工序主要要求如下：键槽深度尺寸 $37_{-0.4}^{0}$ mm，键槽两侧面及底面的对称度公差 0.05 mm，槽宽尺寸 $6_{0}^{+0.03}$ mm。

2. 确定定位基准

对于如图 1-12 所示的铣键槽工序，工序要求主要有以下三项：

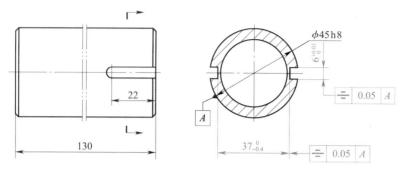

图 1-12 工件图样

（1）键槽深度尺寸 $37_{-0.4}^{0}$ mm，一般通过加工前调整刀具予以保证，工序基准为工件的轴线。

（2）键槽两侧面及底面的对称度公差 0.05 mm，由工件相对于刀具的安装位置及刀具走刀路线来保证，工序基准为工件的轴线。

（3）槽宽尺寸 $6_{0}^{+0.03}$ mm，由铣刀保证，由于键槽两侧面是衡量槽宽 $6_{0}^{+0.03}$ mm 的依据，故也为工序基准。

对于图 1-12 所示键槽加工，为保证槽深及表面的加工要求，设计铣床夹具时最好选择工件轴线作为定位基准。

✿ 知识链接

定位基准的选择原则

工件的定位是通过工件上的定位表面（或点与线）和定位元件相接触或配合而实现的。在选择定位基准时，首先应采用工艺人员指定的基准，同时也要考虑加工工序的要求、夹具结构的合理性、工件表面条件和定位误差等因素。从夹具设计角度出发，定位基准的选择有以下几项原则：

（1）尽量使工件的定位基准与工序基准重合，以消除基准不重合误差。但当定位基准与工序基准重合后会使夹具结构复杂或工件定位不稳时，则应另选定位基准，此时必须计算及控制由此产生的基准不重合误差。

（2）尽量选用已加工表面作为定位基准，以减小定位误差，保证夹具有足够的定位精度。当不得不采用毛坯表面作为定位基准时，应尽量只用一次，而且应选用误差较小、较光洁、余量较小的表面或与加工面有直接关系的表面，以有利于保证加工精度。

（3）应使工件安装稳定，在加工过程中因切削力或夹紧力而引起的变形最小。

（4）应使工件定位方便，夹紧可靠，便于操作，夹具结构简单。

思考与练习 ▶▶

1. 图 1-13 所示为缺口工件加工图样，工件总高度尺寸（50±0.06）mm 已由上道工序加工保证。试对该工件进行图样分析。

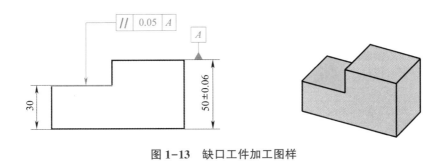

图 1-13 缺口工件加工图样

2. 图 1-14 所示为轴套孔加工工序图，试根据钻模设计要求进行图样分析，并进行定位基准的选择。

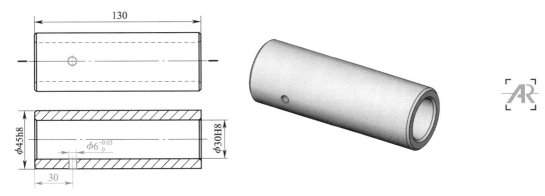

图 1-14 轴套孔加工工序图

3. 图 1-15 所示为轴套加工图样，试根据轴套加工工艺（见表 1-4）中工序号 5 铣槽的要求进行图样分析，并进行定位基准的选择。

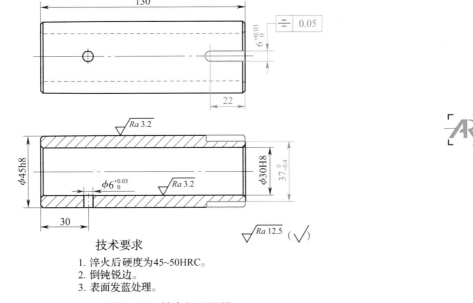

技术要求

1. 淬火后硬度为 45~50HRC。
2. 倒钝锐边。
3. 表面发蓝处理。

图 1-15 轴套加工图样

表 1-4   轴套加工工艺

工序号	工序名称	工序内容	定位基准	加工设备
1	备料	毛坯尺寸为 ϕ48 mm×134 mm	外圆	锯床
2	车	车端面，保证 $Ra \leqslant 12.5\mu m$；钻、镗 ϕ30 mm 孔，留磨削余量 0.3 mm；车 ϕ45 mm 外圆，留磨削余量 0.3 mm；倒角	外圆	车床
3	车	车端面，保证总长 130 mm、$Ra \leqslant 12.5\mu m$，倒角	外圆	车床
4	钻孔	钻 $\phi6^{+0.03}_{0}$ mm 孔，保证 $Ra \leqslant 12.5\mu m$	外圆、端面	钻床、钻模
5	铣槽	铣削两个 6 mm×22 mm 键槽，保证 $Ra \leqslant 12.5\mu m$	外圆、端面	铣床、铣床夹具
6	热处理	淬火后硬度为 45~50HRC		
7	磨	磨 ϕ30H8 孔至图样要求	外圆	磨床
8	磨	磨 ϕ45h8 外圆至图样要求	内孔	磨床
9	检测	按图样检验，入库		

工件在夹具中的定位

为满足工件的加工要求，工件在加工前，应先保证其相对于刀具及刀具的切削成形运动处于正确的空间位置，即实现工件的定位。

任务一　自由度及其消除

知识点：

◎ 工件在空间直角坐标系中的 6 个自由度。

◎ 六点定则及应用。

能力点：

◎ 能运用六点定则对箱体类、盘类、轴类零件进行定位分析。

任务提出

工件在夹具中位置的确定是通过工件表面（定位基准面）与夹具中定位元件的接触或配合来实现的，如铣键槽夹具中工件与 V 形块等的接触，如图 2-1 所示。通过接触或配合，消除了工件的自由度。那么，铣键槽夹具中工件的自由度是如何消除的呢？

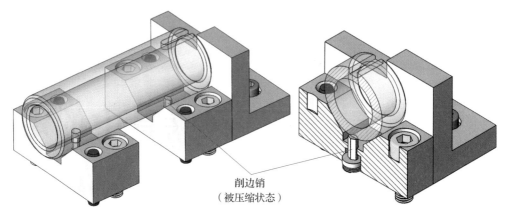

削边销
（被压缩状态）

图 2-1　工件在夹具中位置的确定

任务分析

使用夹具的工序通常通过两个环节来保证工件的位置要求，即定位装置和对定装置。前者保证整批工件相对于夹具占据同一空间位置；后者保证夹具与机床连接时相对于机床、刀具及其切削成形运动具有正确的相对位置。为了正确理解工件的定位及其方法，必须掌握工件的自由度、六点定则及其应用。

知识准备

1. 自由度

工件加工通常要经历定位、夹紧、走刀的过程。工件定位的实质就是要使工件在夹具中占有满足加工要求的某个正确位置，例如，采用夹具定位铣削键槽工序，通过定位就是要保证工件在加工前的位置能满足加工后槽深尺寸 $37_{-0.4}^{0}$ mm、键槽两侧面及底面的对称度公差 0.05 mm 等。但是，在没有采取相应的定位措施时，工件在夹具中被夹紧时的空间位置是不确定的。这种不确定性的存在，就难以保证整批工件相对于夹具占据同一空间位置，也就难以保证整批工件的加工质量。

通常采用自由度概念来描述工件空间位置的不确定性。自由度是指用来描述工件在某一预先设定的空间直角坐标系中定位时，其空间位置不确定程度的六个位置参量。为了便于分析说明，将工件（或物体）放在空间直角坐标系中进行讨论，如图 2-2 所示。如不将工件在空间直角坐标系中的位置加以限制，工件对于空间直角坐标系来说，其空间位置有六个自由度，即六个方面的不确定性。工件空间位置的自由度见表 2-1。

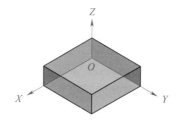

图 2-2　工件在空间直角坐标系中

表 2-1   工件空间位置的自由度

名称	符号	含义	图例
移动自由度	$\vec{X}$	工件沿 X 轴方向移动位置的不确定性	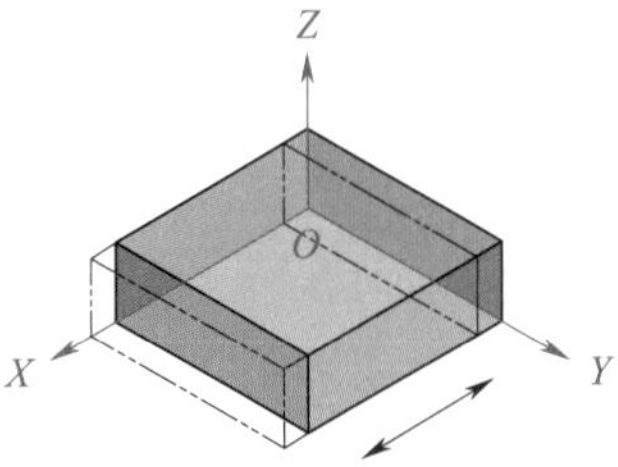
	$\vec{Y}$	工件沿 Y 轴方向移动位置的不确定性	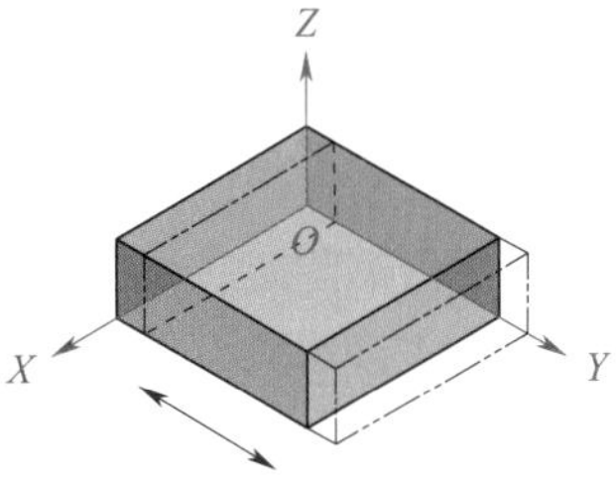
	$\vec{Z}$	工件沿 Z 轴方向移动位置的不确定性	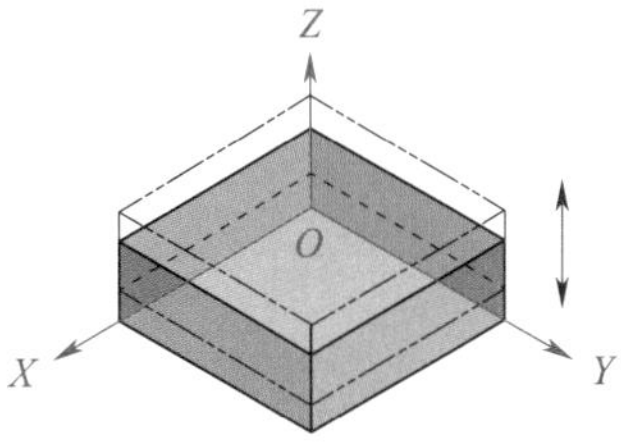
转动自由度	$\overset{\curvearrowright}{X}$	工件绕 X 轴方向转动位置的不确定性	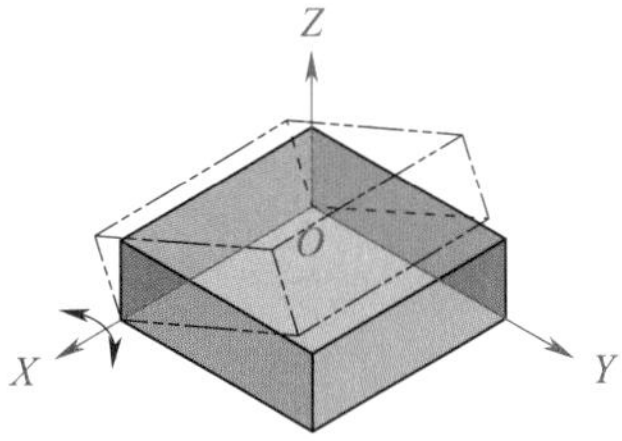
	$\overset{\curvearrowright}{Y}$	工件绕 Y 轴方向转动位置的不确定性	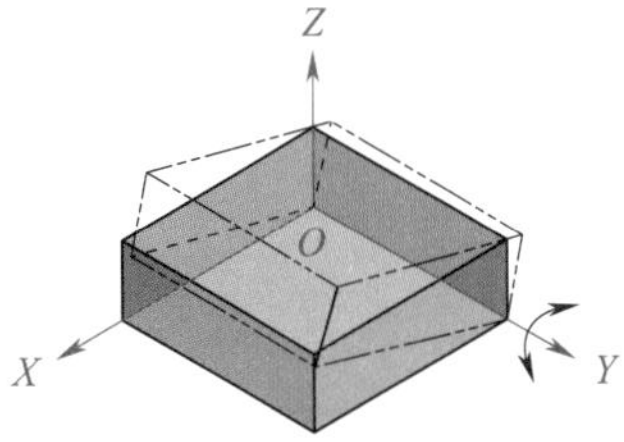
	$\overset{\curvearrowright}{Z}$	工件绕 Z 轴方向转动位置的不确定性	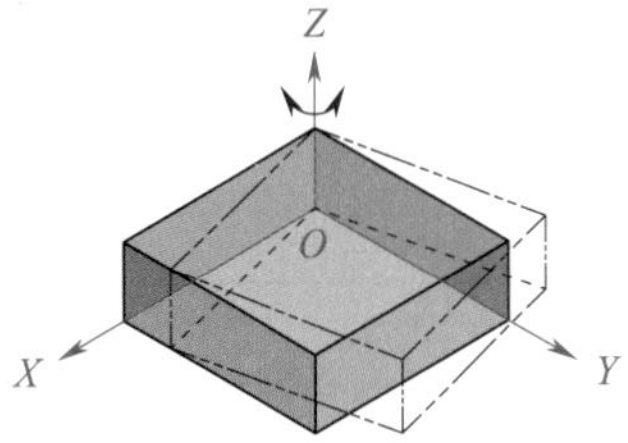

显然，工件位置具有的自由度越少，说明工件空间位置的确定性越好。当工件的六个自由度都被消除时，它在空间的位置即被完全确定下来，具有位置的唯一性。下面介绍自由度的消除。

2. 六点定则

一个未在夹具中定位的工件，其空间位置具有六个自由度，即沿三个坐标轴的移动自由度和绕三个坐标轴的转动自由度。要消除这些自由度，就必须对工件施加相应的约束，即通过定位元件与工件表面的接触或配合来限制工件位置的移动和转动，使工件在夹具中占据符合加工要求的确定位置。

当工件与固定不动的定位元件保持一点接触时，即形成对工件沿此接触点法线方向移动位置的约束和限制，将消除工件的一个移动自由度；当工件与定位元件保持两点（或直线）接触时，将消除工件的两个自由度；当工件以加工过的平面与定位平面（或不共线的三个点）接触时，将消除工件的三个自由度。定位点是夹具为工件的定位提供空间位置的依据，是对工件自由度起消除作用的基本要素。在定位示意图（如工件的工序图）中，常以标注在视图轮廓线上的定位符号"‿⋀‿"来表示，如图 2-3 所示。

六点定则是指在工件的定位中，用空间合理分布的六个定位点（由定位元件抽象而来）来限制工件，使其获得一个完全确定的位置的方法。那么，这六个定位点应如何分布才能使工件在夹具中的位置完全确定呢？下面通过典型工件的定位加以说明。

3. 六点定则的应用

（1）箱体类工件

一般来说，箱体类工件具有规则的外形轮廓，如六面体、八面体等，并具有较大而稳固的安装平面。

如图 2-4 所示，用相当于六个定位点的定位元件（六个支承钉）与工件表面（定位基准面）接触即可消除工件的六个自由度，即：通过工件底面（XOY 面）与三个定位点的接触，消除了工件的 $\vec{X}$、$\vec{Y}$、$\vec{Z}$ 自由度，如图 2-5a 所示；通过工件侧面（XOZ 面）与两个定位点的接触，消除了工件的 $\vec{Y}$、$\vec{Z}$ 两个自由度，如图 2-5b 所示；通过工件端面（YOZ 面）与一个定位点的接触，消除了工件的 $\vec{X}$ 自由度，如图 2-5c 所示。至此，工件空间位置的六个自由度全部被消除。因此，只要工件的相应表面与对应合理分布的六个定位点同时接触，工件的位置就被唯一确定下来。

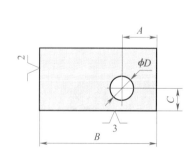

图 2-3　标注在视图轮廓线上的定位符号

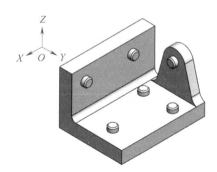

图 2-4　六个定位点

对箱体类工件的定位，夹具上常设置三个不同方向上的定位基准来形成一个空间定位体系，称为三基面基准体系。习惯上，把箱体类工件的底面（幅面较大的平面）称为工件的主要定位基准面，又称第一定位基准面；把箱体类工件的侧面（相对较长的平面）称为工件的导向定位基准面，又称第二定位基准面；把箱体类工件的端面（相对较窄的平面）称为工件的止推定位基准面，又称第三定位基准面，如图 2-5 所示。

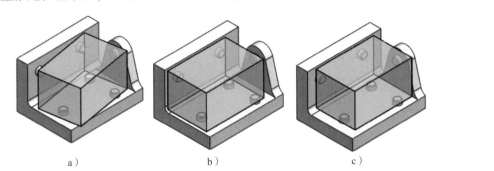

a） b） c）

图 2-5　平行六面体自由度的消除

a）主要定位基准面　b）导向定位基准面　c）止推定位基准面

（2）盘类工件

对于带槽（或孔）的盘类工件，六点定则的应用情况如图 2-6 所示。

一般来说，盘类工件具有较大的端部幅面，其轴向尺寸或高度尺寸相对较小，考虑到安装的稳定及夹紧可靠，常以较大的端面作为主要定位基准面，即第一定位基准面，故夹具上常为工件的大端面设置一个环形安装面（三点）作为主要定位基准。如图 2-6 中的支承点 1、2、3 就起这个作用，它们消除了工件的 $\vec{X}$、$\vec{Y}$、$\vec{Z}$ 三个自由度。

通过支承点 4、5 与工件的接触，分别消除了工件的 $\vec{Y}$、$\vec{X}$ 两个移动自由度，支承点 4、5 形成了工件定位中的第二定位基准面。对于盘类工件，习惯上称为定心基准。

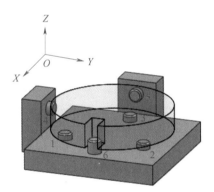

图 2-6　盘类工件六点定则的应用情况

支承点 6 在定位时，保持与工件键槽的一个固定侧面相接触，消除了自由度 $\vec{Z}$，形成了工件定位中的第三定位基准面，习惯上称为防转基准。

对于齿轮、连接盘这类盘类工件，为了使其安装稳固、夹紧可靠，以承受较大的切削力，常把第一基准（理应为轴线）转到端面上，因此，为保证必要的定心精度，对此类工件端面的加工质量，如端面相对于内孔轴线的轴向圆跳动、全跳动或垂直度等位置公差往往提出较高的要求。

（3）轴类工件

对于带槽（或孔）的轴类工件，六点定则的应用情况如图 2-7 所示。

由于轴类工件的轴向尺寸大，因此常以两端同轴的支承轴颈作为其回转支承，对其加工往往有较严格的同轴度、对称度等位置公差要求。另外，工件用公共轴线定位安装时，应保证公共轴线与刀具的轴向运动轨迹平行。

对于轴类工件的定位，夹具一般用轴向尺寸较大的 V 形块的两个斜面与工件支承轴颈相接触，形成不共面的四点约束，如图 2-7 中的 1、2、3、4 点，以保证工件公共轴线空间位置的正确性。定位点 1、2、3、4 形成了轴类工件的第一定位基准，它消除了工件的 $\vec{X}$、$\vec{Y}$、$\widehat{X}$、$\widehat{Y}$ 四个自由度。第二、第三定位基准的顺序依工序要求及定位精度高低而确定：当对本工序内容的对称度、位置度有较严格的公差要求时，防转基准销 5 成为第二定位基准，而止推基准销 6 成为第三定位基准；当对本工序内容的轴向尺寸有较严格的公差要求时，止推基准销 6 成为第二定位基准，防转基准销 5 成为第三定位基准。

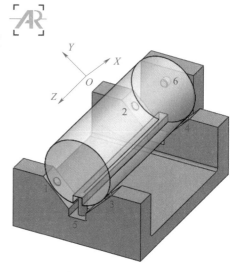

图 2-7 轴类工件六点定则的应用情况

需要指出的是，为保证轴类工件前后工序的基准统一，常利用轴两端面上的顶尖孔作为定位基准，或在车床上采用"一夹一顶"的方式装夹。

任务实施

就铣键槽夹具而言，如图 2-8 所示，通过套筒工件的圆柱面和端面与 V 形块和 L 形板（对刀块）的接触来消除其自由度。其中，通过 V 形块消除工件的 $\vec{X}$、$\widehat{X}$、$\vec{Z}$、$\widehat{Z}$ 自由度，保证键槽两侧对工件轴线的对称度要求和尺寸 $37_{-0.4}^{0}$ mm 的要求；通过 L 形板（对刀块）消除工件的 $\vec{Y}$ 自由度（L 形板可消除工件的 $\vec{Y}$、$\widehat{X}$、$\widehat{Z}$ 三个自由度，但 L 形板与工件定位表面配合质量很高时，L 形板实际只限制 $\vec{Y}$ 一个自由度，采用这种定位方式，目的是提高工件在加工中的刚度和稳定性，有利于保证加工精度），保证 22 mm 的尺寸；通过削边销消除工件的 $\widehat{Y}$ 自由度。

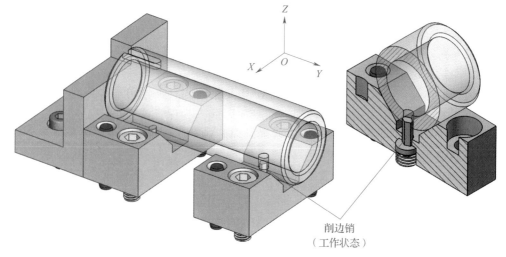

削边销
（工作状态）

图 2-8 自由度消除

✿✿ 知识链接

基本定位体的定位作用

由六点定则在一般箱体类、盘类及轴类工件中的应用可知，夹具对工件的定位约束作用是靠夹具上设置的各种形状的定位元件的定位几何形面来实现的。为准确地分析夹具定位元件对工件定位所起的实际约束作用，把各类定位元件按常用定位几何形面归纳为十种基本定位体，基本定位体及其约束作用见表 2-2。

表 2-2 基本定位体及其约束作用

基本定位体	应用示意图	提供约束点数	消除自由度
短 V 形块	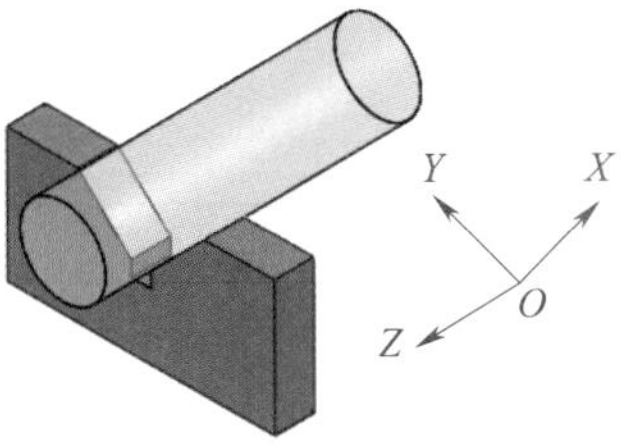	2	$\vec{X}$、$\vec{Y}$
长 V 形块	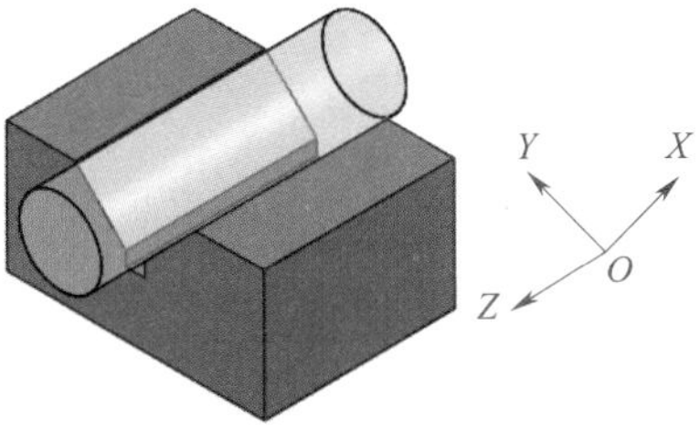	4	$\vec{X}$、$\vec{Y}$、$\overset{\frown}{X}$、$\overset{\frown}{Y}$
短圆柱销	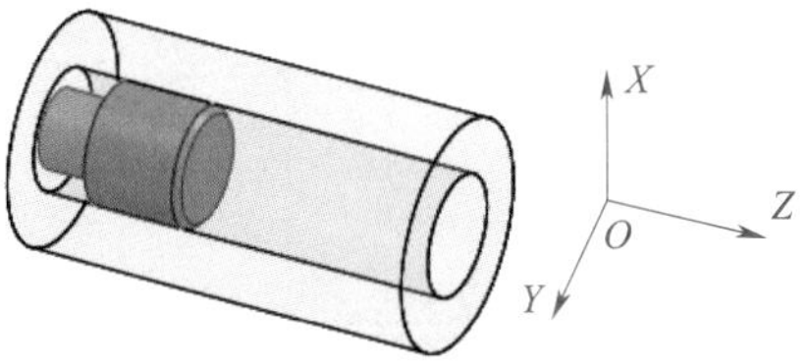	2	$\vec{X}$、$\vec{Y}$
长圆柱销	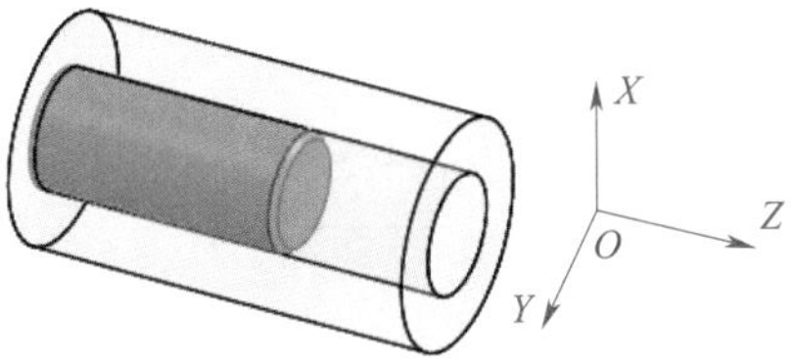	4	$\vec{X}$、$\vec{Y}$、$\overset{\frown}{X}$、$\overset{\frown}{Y}$
短定位套	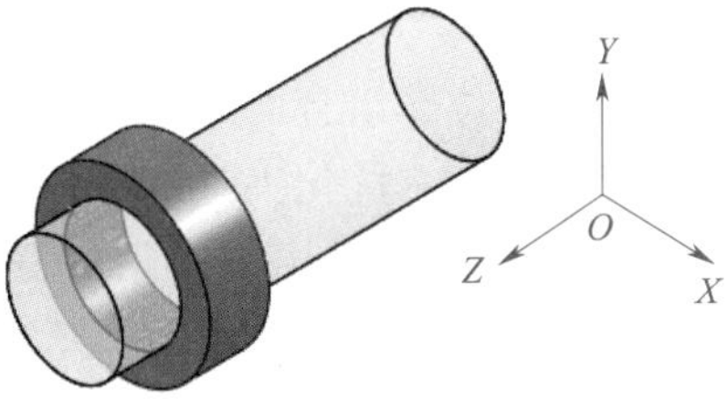	2	$\vec{X}$、$\vec{Y}$

续表

基本定位体	应用示意图	提供约束点数	消除自由度
长定位套	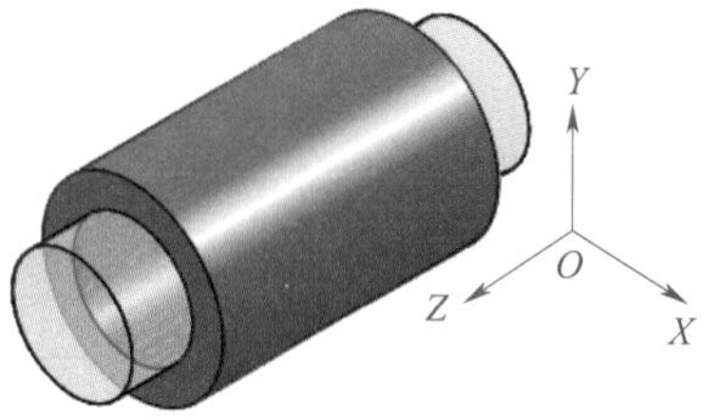	4	$\vec{X}$、$\vec{Y}$、$\overset{\curvearrowright}{X}$、$\overset{\curvearrowright}{Y}$
短圆锥销	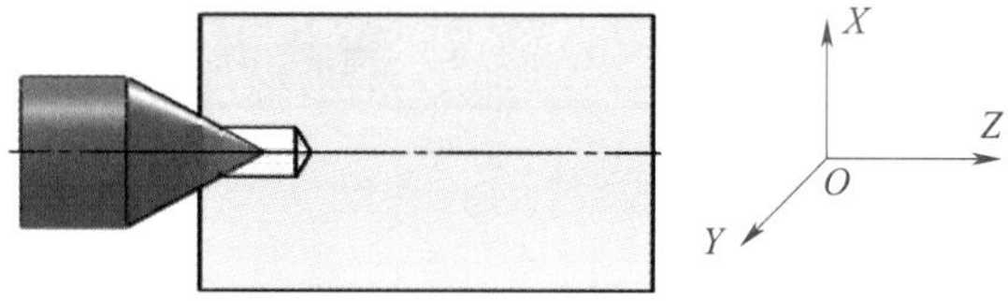	3	$\vec{X}$、$\vec{Y}$、$\vec{Z}$
长圆锥销	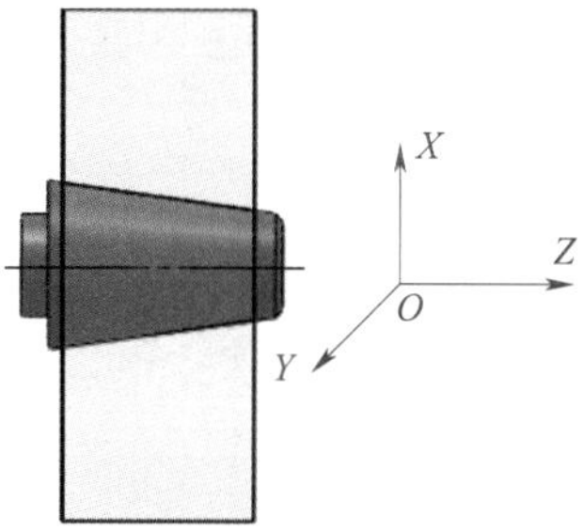	5	$\vec{X}$、$\vec{Y}$、$\vec{Z}$、$\overset{\curvearrowright}{X}$、$\overset{\curvearrowright}{Y}$
短圆锥套	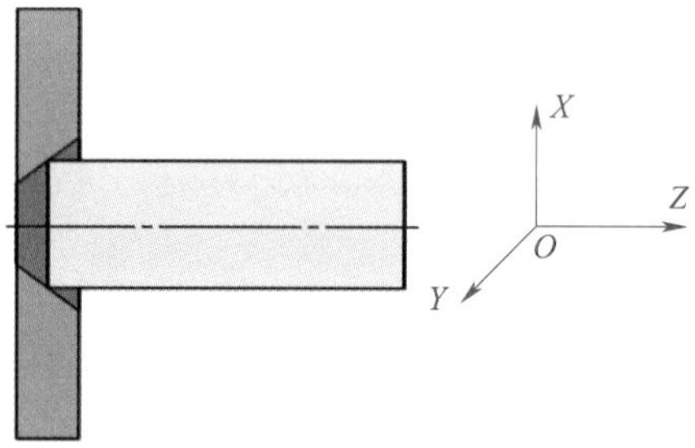	3	$\vec{X}$、$\vec{Y}$、$\vec{Z}$
长圆锥套	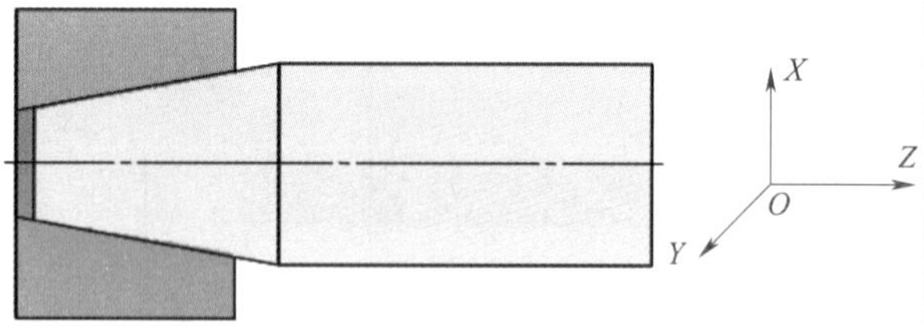	5	$\vec{X}$、$\vec{Y}$、$\vec{Z}$、$\overset{\curvearrowright}{X}$、$\overset{\curvearrowright}{Y}$

　　各种复杂的定位系统和定位结构都是由基本定位体组合而成的。掌握基本定位体的定位约束作用，有利于迅速而准确地分析工件的定位方案，优化夹具定位结构。

　　需要指出的是，定位通常在工件被夹紧前完成，一旦工件的定位基准面离开了定位元件，就不能称其为定位。为保证工件的位置在加工过程中始终不变，则需要依靠夹紧。因此定位和夹紧是两回事。

思考与练习 ▶▶

1. 试根据所学知识，对如图2-9所示后盖钻孔夹具（后盖见图1-9）中的定位元件进行自由度消除分析。

2. 试根据图1-12所示圆柱铣键槽的加工要求，为其夹具的设计选择基本定位体，并说明自由度的消除情况。

3. 试根据图1-14所示钻孔加工要求，为其钻孔夹具的设计选择基本定位体，并说明自由度的消除情况。

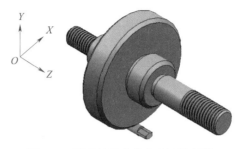

图2-9 后盖钻孔夹具中的定位元件

4. 试解释如图2-10所示连杆盖工序图中定位符号的含义。

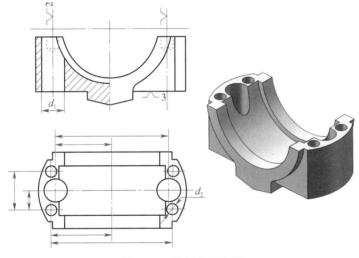

图2-10 连杆盖工序图

任务二 工件的定位

知识点：

◎ 加工要求与自由度的消除。

◎ 定位形式。

能力点：

◎ 能根据工件的具体几何形状选择相应的定位形式。

任务提出

通过夹具中定位元件与工件表面的接触或配合可以消除工件的自由度。那么，工件在夹具中定位，是否在任何情况下都必须消除工件的六个自由度呢？对于图 1-9 所示后盖钻孔夹具，如果将削边销改为圆柱销，如图 2-11 所示，情况又会如何呢？

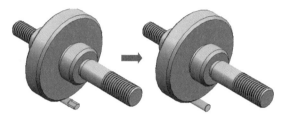

图 2-11　将后盖钻孔夹具中削边销改为圆柱销

任务分析

要回答上述问题，必须清楚自由度的消除与加工要求的关系。另外，还应考虑工件的具体几何形状，以选择相应的定位形式。

知识准备

1. 加工要求与自由度的消除

在生产实践中会遇到各种工件，根据工序的具体加工要求，正确分析影响工件定位的自由度，对夹具设计至关重要。

例如，如图 2-12a 所示在平行六面体上铣削不通键槽，为保证加工尺寸 $A\pm\delta_a$，需要消除工件的 $\vec{Z}$、$\vec{X}$、$\vec{Y}$ 三个自由度；为保证尺寸 $B\pm\delta_b$，还需要消除 $\vec{Y}$、$\vec{Z}$ 两个自由度；为保证尺寸 $C\pm\delta_c$，还需要消除 $\vec{X}$ 自由度。显然，该工序加工定位时必须消除六个自由度，方能满足加工要求。对于如图 2-12b 所示的通槽，则只需消除五个自由度即可满足加工要求：消除工件的 $\vec{Z}$、$\vec{X}$、$\vec{Y}$ 三个自由度，以保证加工尺寸 $A\pm\delta_a$；消除 $\vec{Y}$、$\vec{Z}$ 两个自由度，以保证加工尺寸 $B\pm\delta_b$；自由度 $\vec{X}$ 无须消除。

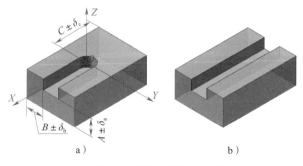

图 2-12　在平行六面体上铣键槽

常见加工方式应消除的自由度见表 2-3。

表 2-3　　　　　　　　　　常见加工方式应消除的自由度

工序简图	加工面	应消除的自由度
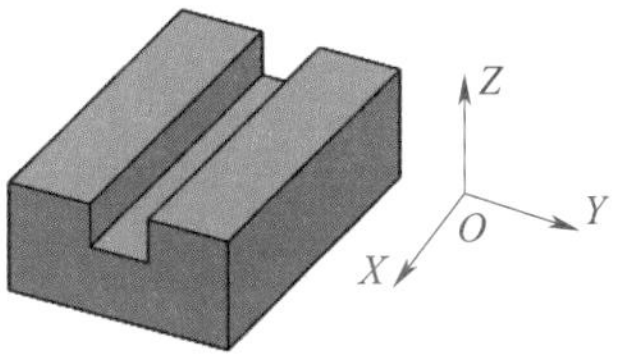	槽	$\widehat{X}$、$\widehat{Y}$、$\vec{Y}$、$\widehat{Z}$、$\vec{Z}$
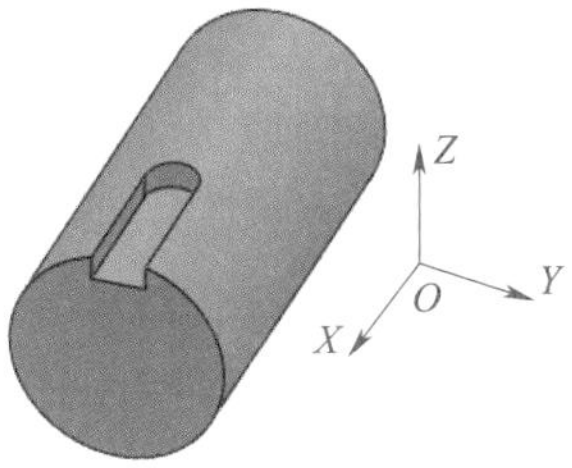	键槽	$\vec{X}$、$\widehat{Y}$、$\vec{Y}$、$\widehat{Z}$、$\vec{Z}$
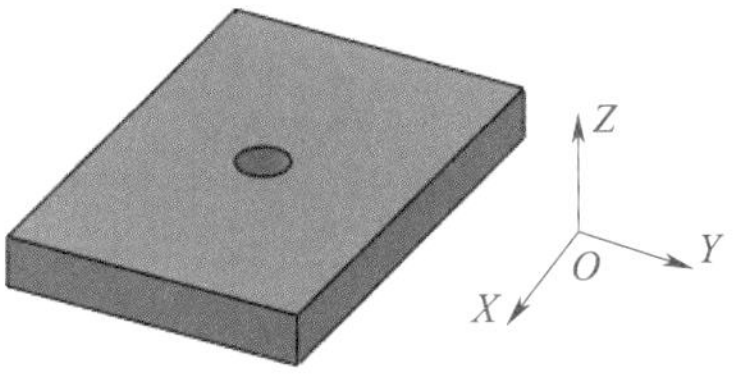	通孔	$\widehat{X}$、$\vec{X}$、$\widehat{Y}$、$\vec{Y}$、$\widehat{Z}$
	不通孔	$\widehat{X}$、$\vec{X}$、$\widehat{Y}$、$\vec{Y}$、$\widehat{Z}$、$\vec{Z}$
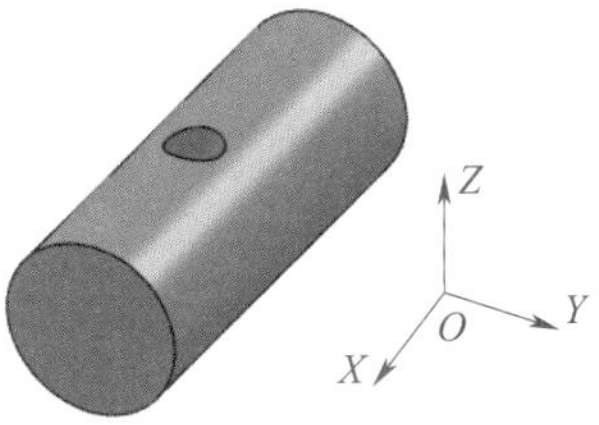	通孔	$\vec{X}$、$\widehat{Y}$、$\vec{Y}$、$\widehat{Z}$
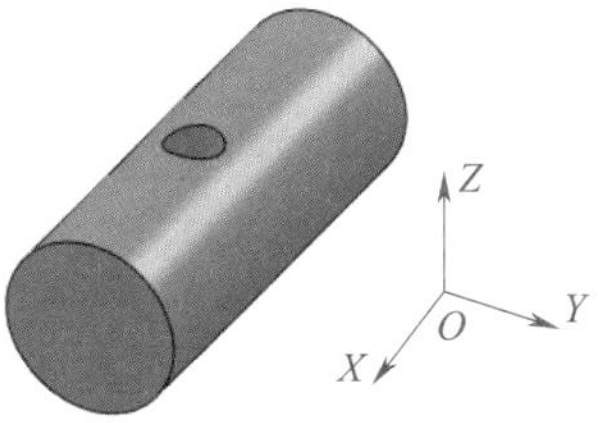	不通孔	$\vec{X}$、$\widehat{Y}$、$\vec{Y}$、$\widehat{Z}$、$\vec{Z}$

　　除了根据工件的加工要求确定工件定位时所需消除的自由度外，还必须考虑夹具结构设计上的要求，有时为了便于夹紧或合理安放工件，实际采用的支承点数目多于理论上要求的定位支承点数目。

　　需要提醒的是，任何条件下对工件的定位，所消除的自由度数不得少于三个，否则工件就得不到稳定的位置。例如，在圆球上铣平面，理论上只需消除一个自由度即可，但为使工件定位稳定，必须采用三点定位。

　　2. 完全定位

　　工件在夹具中六个自由度全部被消除的定位称为完全定位。工件加工需要进行完全定位时，其夹具定位元件（其实是定位系统）应使工件的六个自由度都得到相应定位点的约束，例如，在图 2-12a 所示的平行六面体上铣削不通键槽时，要使整批工件相对机床及刀具有一个确定的位置，必须进行完全定位。

一般情况下，当工件的工序内容在 X、Y、Z 三个坐标轴方向上均有尺寸或几何精度要求时，需要在加工工位上对工件进行完全定位。

3. 不完全定位

通过上面的介绍已经知道，有些工序的加工内容不需要将六个自由度全部消除，只要消除部分自由度即可满足加工要求，即不需要对工件进行完全定位。在工程上，把这种不需要完全消除六个自由度的定位称为不完全定位。在夹具定位方案设计中，不完全定位的例子很多，例如，在图 2-12b 所示的平行六面体上铣削通槽即采用不完全定位。

其实，之所以允许采用不完全定位，一方面是因为某些自由度的存在不影响加工要求的满足，并可简化夹具的定位装置；另一方面是因为某些自由度不便于消除，甚至无法消除。例如，如图 2-13 所示的工件，在装入夹具中定位钻削孔 D 时，只要使孔中心位于以 R 为半径的圆周上即可，而不要求在圆周上的哪一个具体位置钻孔。因此，不需要消除也无法消除工件绕 Z 轴的转动自由度 $\vec{Z}$。

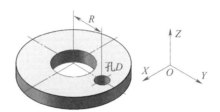

图 2-13　工件的不完全定位

4. 欠定位和重复定位

（1）欠定位

工件实际定位所消除的自由度数目少于按其加工要求所必须消除的自由度数目的情况称为欠定位。在欠定位情况下进行加工，必然无法满足工序所规定的加工要求。以图 2-14a 所示工件为例，若单纯以底面 M 定位，而不用侧面 N 作为导向定位面，则这时工件在机床上相对刀具的位置就可能偏置成如图 2-14b 所示的位置，按这种定位方式铣出的槽显然无法满足加工要求。在确定工件的定位方案时，绝不允许发生欠定位这样的原则性错误。

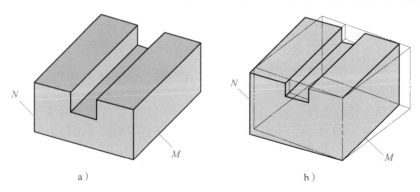

a）　　　　　　　　　　　　b）

图 2-14　欠定位时铣出的槽偏斜

（2）重复定位

夹具上的定位支承点由于布局不合理，造成重复消除工件的一个或几个自由度的现象称为重复定位。在如图 2-15 所示的瓦盖定位简图中，V 形块可消除工件的 $\vec{Y}$、$\widehat{Y}$、$\vec{Z}$、$\widehat{Z}$ 四个自由度，支承钉 A、B 可消除工件的 $\vec{Z}$、$\widehat{X}$ 两个自由度。显然，对于 $\vec{Z}$ 是重复消除，这种情况就属于重复定位。

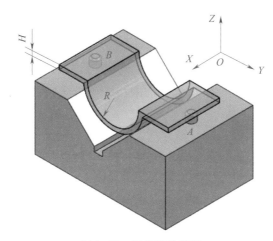

图 2-15　瓦盖定位简图

对于上述定位方案，由于定位基准面尺寸 R 和 H 误差的存在，使工件装入夹具后，自由度 $\vec{Z}$ 有时由支承钉 A、B 消除，有时由 V 形块消除。这样就造成了定位不稳定，使工件在夹具中不能占据一个确定的位置。

任务实施

消除工件的自由度，首先应考虑工件的具体加工要求。一般来说，只要消除那些对于本工序加工精度有影响的自由度即可。

对于图 1-9 所示后盖钻孔夹具，定位元件中定位心轴消除了除 $\vec{Z}$ 外的 5 个自由度，削边销消除了自由度 $\widehat{Z}$，6 个自由度全部消除，实现了完全定位。如果将定位元件中的削边销改为（短）圆柱销，则该圆柱销将消除 2 个自由度 $\vec{X}$ 和 $\vec{Y}$，由于这 2 个自由度分别被不同的定位元件限制了两次，将出现重复定位现象。

⚙ 知识链接

重复定位的正确处理

工件在夹具中定位时，如果有重复定位的情况，会产生下列不良后果：工件定位不稳定，增加了同批工件在夹具中位置的不一致性，影响定位精度，从而降低加工精度；阻碍工件顺利安装到夹具中，阻碍工件与定位元件相配合；工件或定位元件受外力后产生变形，以致无法安装、夹紧和加工。因此，在确定工件的定位方案时，应尽量避免重复定位。

但在机械加工生产中，也常有采用重复定位方式定位的，这就需要根据具体情况具体分析。

1. 根据工件定位基准面与定位元件接触的具体情况分析

图 2-16 所示为平面的重复定位。确定一个平面的位置只需要三个定位支承点消除其三个自由度 $\vec{Z}$、$\vec{X}$、$\vec{Y}$。此时若采用三个支承钉就相当于三个定位支承点，是符合定位基本原理的。若采用四个支承钉定位，则相当于四个定位支承点限制工件的三个自由度，因此是重复定位。这种定位是否允许，取决于工件定位

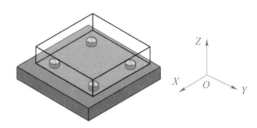

图 2-16　平面的重复定位

基准面和四个支承点是否处于同一平面内，即取决于工件定位基准面与定位支承钉的接触情况。

如果工件的定位基准面是粗基准，则有较大的平面度误差，工件放到四个支承钉上后，实际只能有三点接触。对于一批工件来说，夹具与各工件定位基准面相接触的三个点是不同的，造成定位不稳定和较大的位置变动，增大了定位误差。对一个工件来说，若在夹紧力的作用下使定位基准面与四个支承钉全部接触，又会使工件产生变形。在这种情况下，不允许出现重复定位现象，应撤去一个支承钉，改用三点支承；或将四个支承钉之一改为辅助支承，以增加定位的稳定性。辅助支承不起定位作用，但能提高工件的安装刚度和稳定性。

如果工件的定位基准面是精基准，且加工精度高，而四个支承钉又准确地位于同一平面内（装配后一次磨出），则工件定位基准面与定位支承钉能很好地贴合，不会出现超出允许范围的定位基准面位置变动。这时四个定位支承钉仍起三个定位支承点的作用，同时能提高工件定位的稳定性，减小工件受力后的变形，提高刚度，因而重复定位是允许的。

2. 根据重复定位对工件装夹所造成的后果分析

在加工套筒类工件时，常以内孔与端面组合作为定位基准。如图 2-17a 所示，工件内孔套在长心轴 A 上，端面靠在大端面支承凸台 B 上。长心轴 A 相当于四个定位支承点，消除工件 $\vec{X}$、$\vec{X}$、$\vec{Z}$、$\vec{Z}$ 四个自由度。大端面支承凸台 B 相当于三个定位支承点，消除工件 $\vec{X}$、$\vec{Y}$、$\vec{Z}$ 三个自由度。当长心轴与大端面支承凸台组合在一起定位时，相当于七个定位支承点，但工件实际只消除五个自由度（除 $\vec{Y}$）。其中 $\vec{X}$、$\vec{Z}$ 被两个定位表面重复消除，出现了重复定位。这种重复定位是否允许，应根据重复定位造成的后果进行分析。

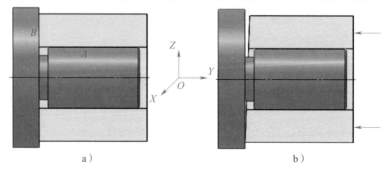

a)　　　　　　　　　　　　　b)

图 2-17　套筒类工件的重复定位

如果工件上作为定位基准面的内孔与端面具有很高的垂直度精度（一般定位心轴与支承凸台的垂直度要高于工件），套上心轴后也会使孔与心轴、工件端面与支承凸台紧贴接触。即使工件孔与端面存在极小的垂直度误差，也可以由心轴与孔的配合间隙得到补偿。由于工件定位基准之间保证了较高的位置精度，定位时不会产生干涉。定位元件仍只相当于五个定位支承点，实际上只消除工件五个自由度 $\vec{X}$、$\widehat{X}$、$\vec{Y}$、$\vec{Z}$、$\widehat{Z}$。按定位基本原理分析，形式上属于重复定位，但是重复消除相同自由度的定位支承点之间并未产生干涉，这种重复定位在实际上是完全允许的。采用这种定位方式，目的是提高工件在加工中的刚度和稳定性，有利于保证加工精度。

如果工件上作为定位基准的内孔与端面间的垂直度误差较大，那么工件装入心轴后，工件与支承凸台上的位置情况如图 2-17b 所示。工件由长心轴保持与其孔接触，可消除四个自由度 $\vec{X}$、$\widehat{X}$、$\widehat{Z}$、$\vec{Z}$；工件端面只能与支承凸台接触于一点，消除一个自由度 $\vec{Y}$。工件一旦被夹紧，则工件的端面必然要与支承凸台平面相接触（即三点接触）。要实现这种接触，只能是工件或心轴产生变形。这就是重复消除同一自由度的定位支承点互相干涉造成的结果。显然，不论工件还是夹具定位元件产生变形，其结果都将破坏工件的定位要求，造成加工误差。在夹具设计时，这种重复定位是不允许的。为了改善这种情况，应采取避免重复定位的措施，具体见表 2-4。

表 2-4 避免重复定位的措施

措施	图例	相关说明
长心轴与小端面支承凸台组合	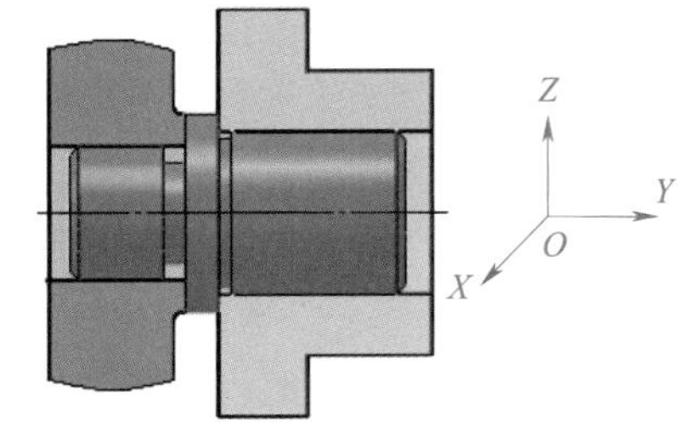	定位以长心轴为主，消除四个自由度 $\vec{X}$、$\widehat{X}$、$\widehat{Z}$、$\vec{Z}$，小端面消除一个自由度 $\vec{Y}$
短心轴与大端面支承凸台组合	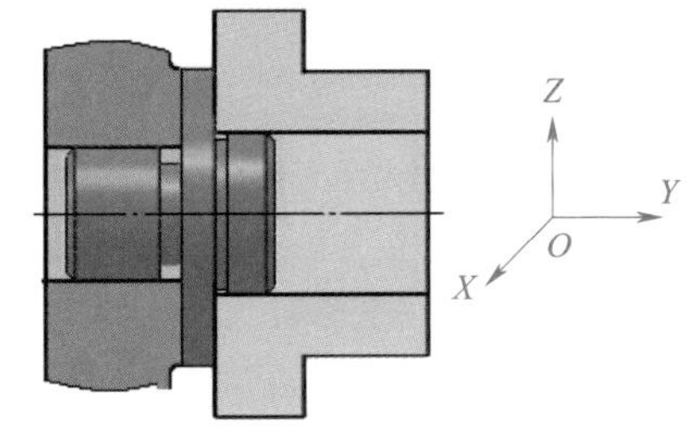	定位以大端面为主，消除三个自由度 $\vec{X}$、$\vec{Y}$、$\vec{Z}$，短心轴消除两个自由度 $\widehat{X}$、$\widehat{Z}$
长心轴与浮动端面组合	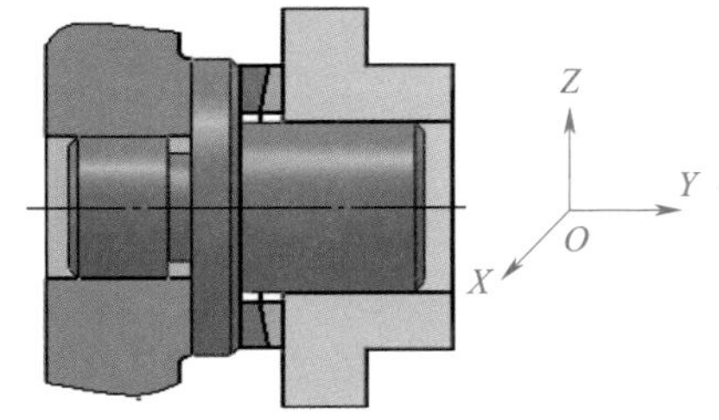	定位以长心轴为主，消除四个自由度 $\vec{X}$、$\widehat{X}$、$\widehat{Z}$、$\vec{Z}$，浮动端面只消除一个自由度 $\vec{Y}$

思考与练习 ▶▶

1. 根据图 1-14 所示轴套钻孔加工要求，说明设计钻孔夹具时应采用的工件定位形式。

2. 批量生产的端盖工件如图 2-18 所示，图中其他表面均已加工完毕。现欲通过钻孔夹具完成 4 个 $\phi 8$ mm 孔的定位加工，试分析设计钻孔夹具时应采用的工件定位形式。

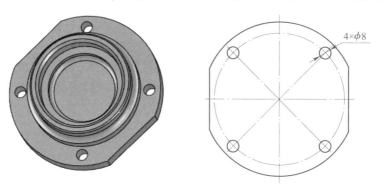

图 2-18　端盖工件（已简化）

3. 若工件为六面体，底面上三个定位支承点分布在同一条直线上，此时消除了几个自由度？为什么？

任务三　定位元件的选择

知识点：

◎ 对定位元件的要求。

◎ 平面定位基准面定位元件（支承件）。

◎ 圆孔面定位基准面定位元件。

◎ 外圆柱面定位基准面定位元件。

能力点：

◎ 能根据定位基准的表面形式选择定位元件。

任务提出 ▌

在进行夹具设计时，定位基准一旦选定，定位基准的表面形式将成为选用定位元件的主要依据。试为根据图 1-14 所示轴套孔加工所设计的钻孔夹具选择定位元件，并应用六点定则进行分析。

任务分析

工件定位时，除了尽可能使定位基准与工序基准重合，符合六点定则外，还要合理选用定位元件。工件上常被选作定位基准的表面形式包括平面、圆柱面、圆锥面、其他成形面及其组合。为此，有必要熟悉对定位元件的要求以及常用的定位元件，以方便设计夹具时选用。

知识准备

1. 对定位元件的要求

工件在夹具中定位时，一般不允许将工件直接放在夹具体上，而应安放在定位元件上。这时，工件上的定位基准面与夹具上定位元件的工作表面相接触。对定位元件的基本要求见表 2-5。

表 2-5   对定位元件的基本要求

基本要求	相关说明
高精度	定位元件的精度直接影响工件定位误差的大小。一般企业多根据经验确定定位元件的制造公差。公差定得过宽，会降低定位精度；公差定得过严，会增加制造难度。原则上应小于工件相应尺寸的公差
高耐磨性	定位元件经常与工件接触，易磨损。为避免因定位元件的磨损而降低定位精度，定位元件的工作表面要耐磨。为此，定位元件一般用 20 钢，工作表面渗碳层为 0.8~1.2 mm，淬硬至 55~60HRC；或用工具钢 T7A、T8A，淬硬至 50~55HRC；或用 45 钢，淬硬至 40~45HRC
足够的刚度和强度	可避免由于重力、夹紧力、切削力的作用使定位元件变形或损坏
良好的工艺性	定位元件要便于制造与装配，工作表面的形状要易于清除切屑，防止损伤定位基准面。定位元件在夹具体上的布置要适当，以保证工件在夹具中定位稳定，并且要便于定位元件的更换或修理

一般来说，确保定位元件能长期保持尺寸精度和位置精度是对其最基本的要求。

2. 常用定位元件及其选择

定位元件通常应根据定位基准的表面形式进行选择。

（1）平面定位基准面

在夹具设计中，以工件的平面作为定位基准面是常见的定位方式之一。

工件以平面定位，需用三个互成一定角度的支承平面作为定位基准面。除某些情况（如定位基准面较小、工件刚度较低等）采用在连续平面上定位外，一般都采用在适当分布的支承钉或支承板上定位。工件若以精基准定位，因基准面已经过加工，为提高工件的刚度和稳定性，可根据定位基准面形状误差的大小和加工工艺要求，增大定位面的接触面积。另外，为提高工件的定位精度，定位元件在布局上应尽量增大距离，以减小工件的转角误差。

工件以平面定位时，所用的定位元件一般称为支承件。支承件分为基本支承和辅助支承两类。

1）基本支承

基本支承是用作消除工件自由度、具有独立定位作用的支承，包括支承钉、支承板、自位支承、可调支承四种。

①支承钉

支承钉是基本定位元件，可以用它直接体现定位点，在实际生产中被广泛应用。支承钉结构尺寸已标准化，其推荐标准代号为 JB/T 8029.2—1999（见附表1）。常用支承钉的结构类型及应用见表2-6。

表2-6 常用支承钉的结构类型及应用

结构类型	图例	应用说明
A 型		A 型支承钉为平头支承钉，适用于已加工平面的定位
B 型		B 型支承钉为球头支承钉，用于工件毛坯表面的定位，由于毛坯表面质量不稳定，为得到较为稳固的点接触，故采用球面支承。这种支承钉与工件形成点接触，接触应力较大，容易损坏工件表面，使工件表面留下浅坑，使用中应注意，尽量不用在负荷较大的场合
C 型		C 型支承钉为齿纹头结构，此类结构有利于增大摩擦力，使支承稳定、可靠，但其处于水平位置时容易积存切屑，影响定位精度，因而常用于侧面定位

注：支承钉在夹具上的安装方式为固定式安装，依靠支承钉与夹具安装孔间的适量过盈配合胀紧在夹具体上。支承钉与夹具体孔的配合根据负荷情况选用 H7/r6 或 H7/n6。为便于元件磨损后的拆卸及更换，夹具体上的安装孔应做成通孔。

②支承板

工件上幅面较大、跨度较大的大型精加工平面常被用作第一定位基准面，为使工件安装稳固、可靠，多选用支承板体现夹具上定位元件的定位表面。表2-7列出了两种常用支承板的结构类型及应用，其推荐标准代号为 JB/T 8029.1—1999（见附表2）。

表 2-7　　　　　　　　　　　常用支承板的结构类型及应用

结构类型	图例	应用说明
A 型		A 型为平面型支承板，其结构简单，表面平滑，对工件的移动不会造成阻碍，但其安装螺钉的沉孔处易残存切屑且不易清理。因此，这种支承板多用于工件的侧面、顶面及不易存屑方向上的定位
B 型		B 型支承板为带容屑槽式支承板，它在 A 型支承板基础上做了改进，表面上开出 45°的容屑槽，并把螺钉沉孔设置到容屑槽中，使支承板的工作面上难以存留残屑。此种结构有利于清屑，即使工件的表面黏附有碎屑，也会由于工件与支承板的相对运动而被槽边刮除，使切屑难以进入定位面

支承钉和支承板的支承高度为固定式，不可调整。为保证定位精度，A 型支承钉及支承板在夹具上安装时，其定位高度均留有磨削余量，待其余元件装齐后，再随夹具体一起在平面磨床上磨出定位平面，以保证各支承件等高。

③自位支承

自位支承是指能够根据工件实际表面情况，自动调整支承方向和接触部位的浮动支承。自位支承具有浮动球面、摆动杠杆、滑动斜面等结构。自位支承具有以下作用：保证不同接触条件下的稳固接触，提高工件安装稳定性；提高支承点的局部刚度；消除重复定位所造成的夹紧弹性变形（例如，在表 2-4 中的长心轴与浮动端面组合，在端面长销定位中利用浮动球面垫圈副来消除重复约束，避免由于工件端面与轴线垂直度误差过大而引起心轴弯曲变形）。它适合各类复杂曲面的点定位。常用自位支承及其应用见表 2-8。

表 2-8　　　　　　　　　　　常用自位支承及其应用

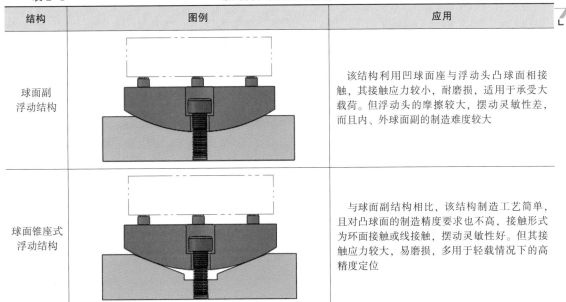

结构	图例	应用
球面副浮动结构		该结构利用凹球面座与浮动头凸球面相接触，其接触应力较小，耐磨损，适用于承受大载荷。但浮动头的摩擦较大，摆动灵敏性差，而且内、外球面副的制造难度较大
球面锥座式浮动结构		与球面副结构相比，该结构制造工艺简单，且对凸球面的制造精度要求也不高，接触形式为环面接触或线接触，摆动灵敏性好。但其接触应力较大，易磨损，多用于轻载情况下的高精度定位

续表

结构	图例	应用
摆动杠杆式浮动结构	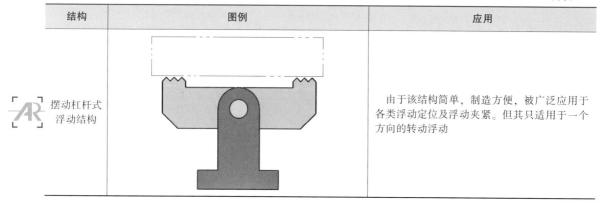	由于该结构简单，制造方便，被广泛应用于各类浮动定位及浮动夹紧。但其只适用于一个方向的转动浮动

需要指出的是，自位支承在支承部位只提供一个点的约束，即它只在该部位消除一个移动自由度，所以，不管它与工件实际保持几点接触，都只能看成是一个定位点。

④可调支承

可调支承是指支承高度可以调节的定位支承。支承高度的调节，意味着支承点即定位点位置的改变。可调支承的调节是针对不同批量的工件，其毛坯质量差异较大时，通过可调支承的调整来统一定位；或者不同规格的同类工件需要改变夹具某一尺寸的定位要求时，可以通过可调支承的调整来满足新工件的定位要求。可调支承在结构上应具备支承、调整、锁定三个基本功能。支承是其最基本的功能；调整应均匀、精确，通常应用等距螺纹调整结构；锁定是为了保证调整好的定位高度在切削振动条件下不发生改变。常用可调支承及其应用见表2-9。

表2-9　　　　　　　　　　　　常用可调支承及其应用

结构	图例	应用说明
六角头支承		适用于工件支承部位空间尺寸较大的情况，螺纹规格一般为 M5～M36。其标准代号为 JB/T 8026.1—1999（见附表3）
调节支承		适用于工件支承空间比较紧凑的情况，螺纹规格一般为 M5～M36。其标准代号为 JB/T 8026.4—1999（见附表4）
圆柱头调节支承		该结构中的滚花手动调节螺母具有手动快速调节功能，所以也经常用来作为辅助支承元件。其标准代号为 JB/T 8026.3—1999（见附表5）

续表

结构	图例	应用说明
顶压支承	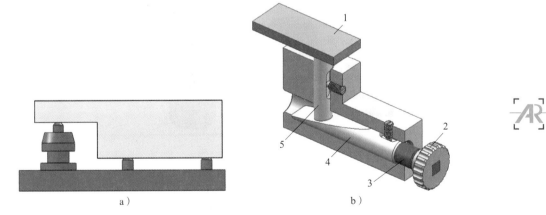	一般用作重载下的支承，螺纹为左旋梯形螺纹，需配用专用左旋螺套及螺母。螺纹规格有 Tr16、Tr20、Tr24、Tr30、Tr36 五种。其标准代号为 JB/T 8026.2—1999（见附表6）

从可调支承的功能要求来考虑，一般螺钉及部分紧定螺钉均可作为可调支承。

2）辅助支承

为提高工件的安装刚度及稳定性，防止工件的切削振动及变形，或者为工件的预定位而设置的非正式定位支承称为辅助支承。辅助支承不起定位作用，即不消除工件的自由度。

辅助支承的应用示例如图 2-19a 所示，本工序需铣削上平面，以保证高度尺寸。加工时，选择工件较窄小的底部作为主要定位基准面。考虑到工件的左半悬伸部分厚度较小，刚度较低，为防止工件左端在切削力作用下产生变形和铣削振动，在该处设置了辅助支承，以提高工件的安装刚度和稳定性。图 2-19b 所示为推引式辅助支承装配结构，使用时向左推动手柄，通过连接杆使推引楔向左移动，在推引楔斜面的作用下，使辅助支承向上移动，从而将工件需要支承的表面顶住。由于斜面的角度（小于 12°）具有自锁作用，因此使工件得到了可靠的辅助支承。

图 2-19 辅助支承
a) 应用示例 b) 推引式装配结构
1—工件 2—手柄 3—连接杆 4—推引楔 5—辅助支承

（2）圆孔面定位基准面

在实际生产中，工件以其上的圆孔面作为主要定位基准面时，常用定位元件主要有定位销、定位心轴、锥销和自动定心夹紧结构四大类。

1）定位销

当箱壳类和盖板类工件以圆柱孔作为定位表面时，最常用的夹具定位元件就是各类圆柱形定位销。对于工件上较大尺寸（$D>50$ mm）的定位孔，圆柱销的尺寸及结构需要根据工件的定位要求及定位孔的尺寸公差带具体确定；对于在常用尺寸范围（D 为 1~50 mm）内的圆柱销，由于应用广泛，均已标准化。各类定位销见表 2-10。

表 2-10　　　　　　　　　　　　　　各类定位销

名称	图例	标准代号
小定位销	A型 　　　B型 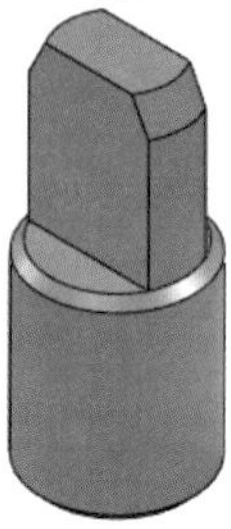	JB/T 8014.1—1999（见附表 7）
固定式定位销	A型　D>3~10mm 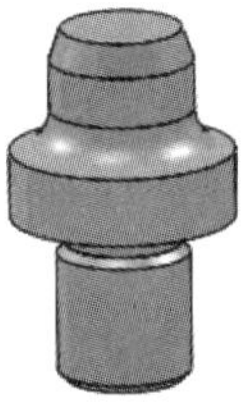　D>10~18mm 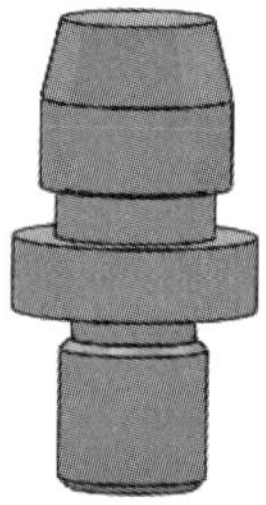　D>18mm 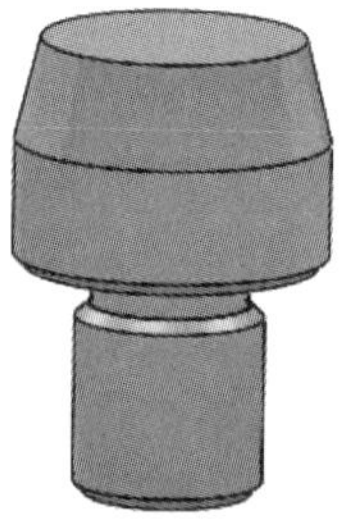　B型　D>3~10mm 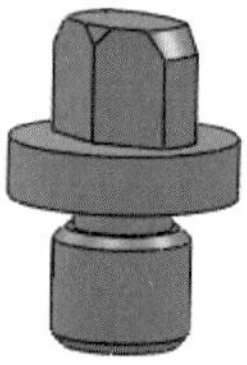　D>10~18mm 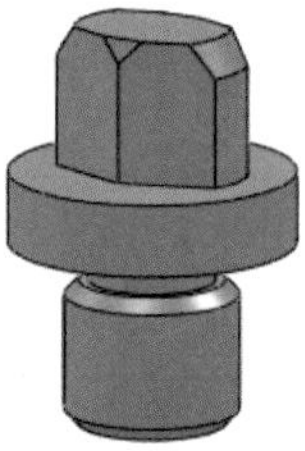　D>18mm 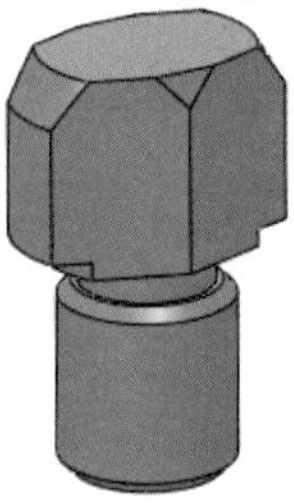	JB/T 8014.2—1999（见附表 8）
可换定位销	A型 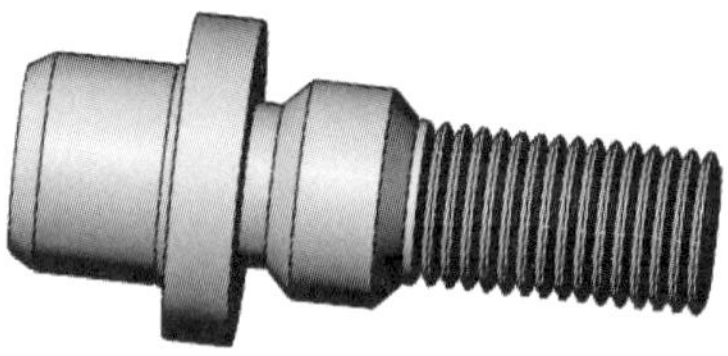　B型 	JB/T 8014.3—1999（见附表 9）

续表

名称	图例	标准代号
定位插销	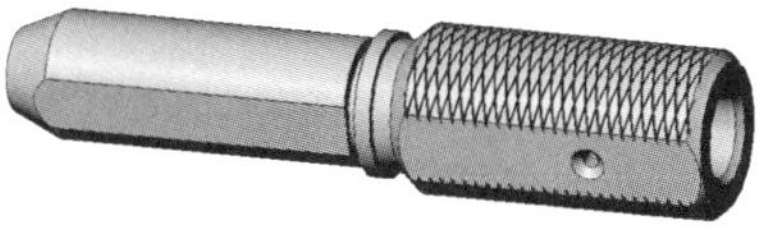 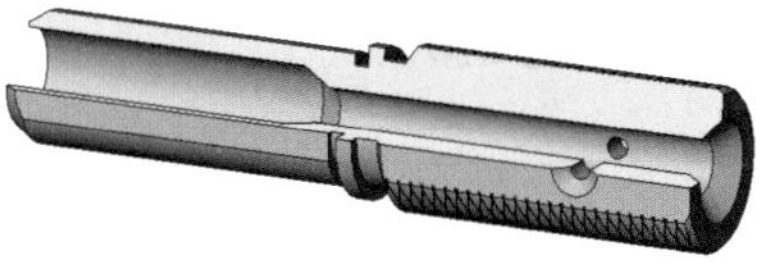 A型 $d \leq 35\text{mm}$ $d > 35\text{mm}$ B型 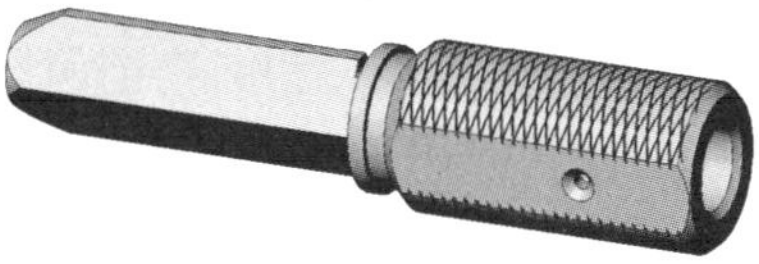	JB/T 8015—1999（见附表10）

注：1. A 型销为圆柱销。
　　2. B 型销为削边销，削边结构是为解决销的重复定位及干涉而设计的。

小定位销、固定式定位销靠销体安装部位与夹具安装孔间 H7/r6 过盈配合压入夹具体内。

可换定位销依靠与过渡衬套的 H7/h6 间隙配合来安装，并用螺母紧固，衬套外圆与夹具体安装孔保持 H7/n6 的过渡配合。

定位销工作部分的外径尺寸公差根据具体的定位安装精度要求分别按 g5、g6、f6、f7 制造。

2）定位心轴

定位心轴常用于安装内孔尺寸较大的套筒类、盘类工件。定位心轴的结构形式较多，在大批量生产中，应用较为广泛的典型结构有间隙配合心轴、过盈配合心轴、锥度心轴，具体内容见表 2-11。

表 2-11　　　　　　　　　　　　　　　　定位心轴的典型结构

类型	图例	应用说明
间隙配合心轴	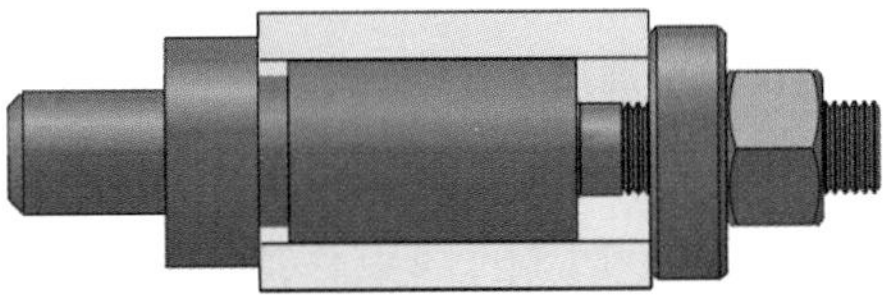	轴向尺寸较大的心轴以外圆柱面为工件的内孔提供定位安装的位置依据。心轴与工件内孔一般按 h6、g6、f7 制造。由于工件与心轴间配合间隙的存在，因此定心精度较低
过盈配合心轴	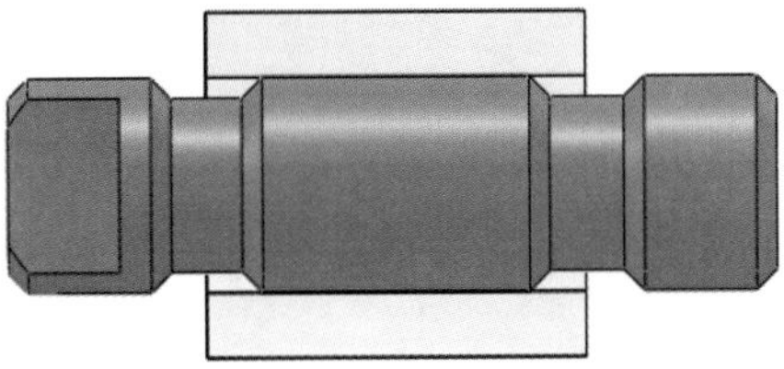	心轴工作部分直径一般按 r6 控制最大过盈量。定心精度高是其最大特点，但工件装卸不便，若操作不当易损伤工件内孔。另外，切削力也不宜过大，且对定位孔的尺寸精度要求较高

续表

类型	图例	应用说明
锥度心轴	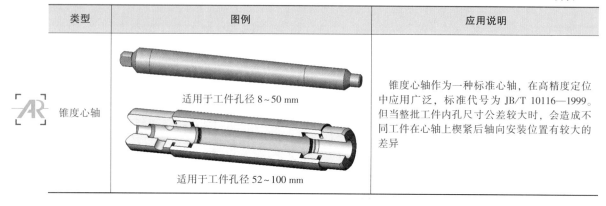适用于工件孔径 8~50 mm 适用于工件孔径 52~100 mm	锥度心轴作为一种标准心轴，在高精度定位中应用广泛，标准代号为 JB/T 10116—1999。但当整批工件内孔尺寸公差较大时，会造成不同工件在心轴上楔紧后轴向安装位置有较大的差异

各类心轴以较长轴向尺寸与工件相接触时，一般理解为长销定位，可消除工件四个自由度。

3）锥销

锥销是工件圆柱孔、圆锥孔的定位依据，它有顶尖和圆锥销两类。

各种不同类型的普通顶尖和内拨顶尖广泛地应用于车床、磨床、铣床等机床上，完成对各类工件孔的定位。夹具标准内拨顶尖（见图 2-20a）标准代号为 JB/T 10117.1—1999（见附表 11），夹具标准夹持式内拨顶尖（见图 2-20b）标准代号为 JB/T 10117.2—1999（见附表 12）。

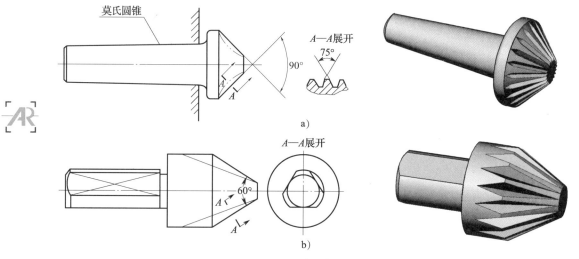

图 2-20　夹具标准顶尖
a）内拨顶尖　b）夹持式内拨顶尖

定位中的顶尖不产生轴向移动时，对工件起三个点的约束作用，消除三个移动自由度。当工件另一端采用活动顶尖顶住工件顶尖孔时，对工件起两点约束作用，对整个工件而言，它消除工件的两个转动自由度。

图 2-21 所示为两种圆锥销用于工件圆柱孔端的定位情况，其中图 2-21a 用于精基准定位，图 2-21b 用于粗基准定位。

4）自动定心夹紧结构

在机床夹具中，广泛地应用着各种类型的自动定心夹紧结构，这类结构在对工件施行夹紧的过程中，利用等量弹性变形或斜面、杠杆等结构的等量移动原理，对工件的内、外回转

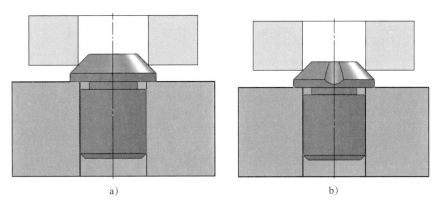

图 2-21 圆锥销定位
a) 精基准定位 b) 粗基准定位

表面施行自动定心定位，如车床夹具、磨床夹具中广泛应用的各类弹性夹头。

图 2-22 所示为自动定心夹紧心轴。安装工件时，拧紧螺母，螺杆在螺纹作用下使右楔紧圆锥和左楔紧圆锥产生轴向相对移动，从而推动前楔块组和后楔块组（每组三块）的六块楔块沿径向同步地挤向工件，直至所有楔块均挤紧工件为止，完成对工件内孔前后端的自动定心及夹紧工作。

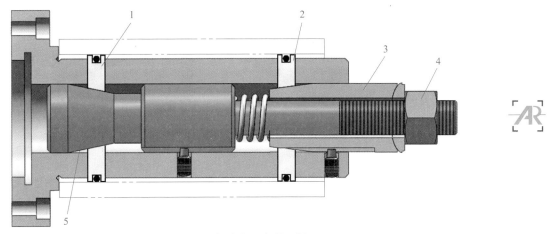

图 2-22 自动定心夹紧心轴
1—后楔块组 2—前楔块组 3—右楔紧圆锥 4—螺母 5—左楔紧圆锥

心轴的前、后支承部共消除工件的四个自由度（两个移动自由度和两个转动自由度），心轴轴肩部消除工件的一个移动自由度，仅有一个转动自由度未消除。

（3）外圆柱面定位基准面

在加工轴类工件时，常以工件外圆柱面作为定位基准面，根据外圆表面的完整程度、加工要求和安装方式，可用 V 形块、圆柱孔等作为定位元件。

1）V 形块

在以外圆柱面作为定位基准面时，V 形块以其结构简单、定位稳定可靠、对中性好而获得广泛应用。不论是局部的圆柱面，还是完整的圆柱面，利用 V 形块（或 V 形结构）都可以得到良好的定位装夹效果。由于 V 形块定位同时利用互成角度的两个斜面来约束工件，因此定位的工件圆柱面的曲率中心始终被包含在 V 形块两工作斜面的对称中心平面内，习惯上将其称为工件的对中性。在有严格对称加工要求的铣削、钻削工序中，广泛应用各种 V 形块作为定位元件。

常用的 V 形块结构如图 2-23 所示。图 2-23a 用于较短的精基准定位，消除两个自由度；图 2-23b 为间断式结构，用于基准面长度较大且经过加工的定位基准面，可消除四个自由度；图 2-23c 为可移组合式 V 形块，适用于基准面较长或两端基准面分布较远的情况；图 2-23d 为大型镶装淬硬钢片的 V 形块，适用于工件定位基准面直径较大的情况；图 2-23e 为刀形 V 形块，用于粗基准定位或阶梯形圆柱面定位。

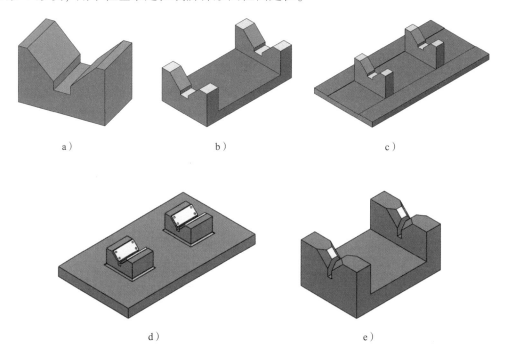

a)　　　　　　　　b)　　　　　　　　c)

d)　　　　　　　　e)

图 2-23　常用的 V 形块结构

当工件以局部曲面参与定位时，V 形块往往成为首选定位元件。另外，V 形块也可以做成活动定位结构，如图 2-24 所示，左边为固定 V 形块，对工件提供两点约束，右边为活动 V 形块，它除可提供一个定位点，起到防转作用外，还兼作夹紧元件，具有定心夹紧功能。

常用 V 形块两工作斜面间的夹角一般分为 60°、90°、120° 三种，其中 90° 角的 V 形块应用最多，其结构及规格尺寸均已标准化。各种 V 形块标准代号分别为 JB/T 8018.1—1999（V 形块）、JB/T 8018.2—1999（固定 V 形块）、JB/T 8018.3—1999（调整 V 形块）、JB/T 8018.4—1999（活动 V 形块）。相关内容见附表 13~附表 16。

标准 V 形块的规格以 V 形槽开口宽度 N 来划分，如图 2-25 所示。尺寸 N 相同的 V 形块，可用于轴径 D 不同的工件的定位，如槽宽 N 为 24 mm 的 V 形块，适合直径为 20~25 mm 的工件的定位。工件直径不同，其中心高（或称工件的轴线高度）T 值也不同，T 值计算公式为 $T=H+0.707D-0.5N$。

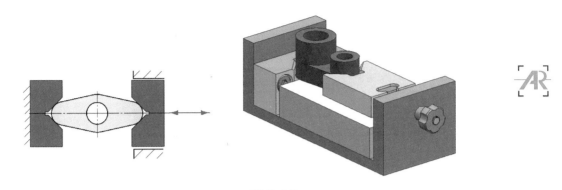

图 2-24　V 形块的应用

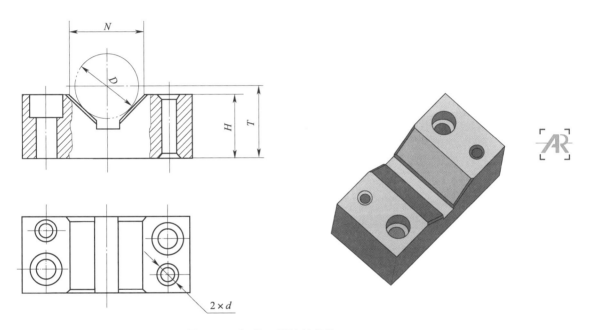

图 2-25　标准 V 形块的规格

在 V 形块的制造及检验中，为正确反映 V 形槽的位置尺寸，多用标准心轴的轴线高度 T 值来检验 V 形块的位置精度。所以，V 形块的工作图样上均标有此项检验尺寸及对应的检验心轴的尺寸。当 V 形块用于定位时，一般也直接以工件定位轴颈的轴线高度来体现 V 形块的定位基准高度。

2）圆柱孔

用圆柱孔作定位元件时，通常采用定位套进行精基准定位，如图 2-26 所示。采用这种定位方法时，定位元件结构简单，但工件可能产生中心线在径向的位移和倾斜误差。为保证轴向定位精度，常与端面配合，并要求有良好的接触精度。

对于大型轴类工件，还可考虑采用半圆孔形衬套作为定位元件，如图 2-27 所示，上半圆孔起夹紧作用，下半圆孔起定位作用。需要指出的是，下半圆孔的最小直径应取工件定位基准外圆的最大直径值。

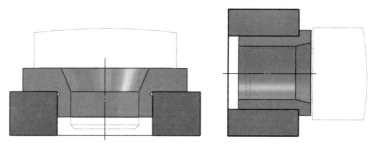

图 2-26　定位套定位

任务实施

　　根据轴套的结构特点及加工工序要求，可以采用如图 2-28 所示的销轴作为定位元件。采用销轴时，其自由度消除情况如下：端面与轴套左端面接触消除 3 个自由度，圆柱面与轴套内圆柱面接触消除 2 个自由度，共消除工件的 5 个自由度，属于不完全定位。

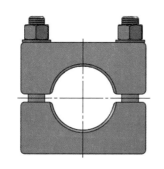

图 2-27　半圆孔形衬套作为定位元件

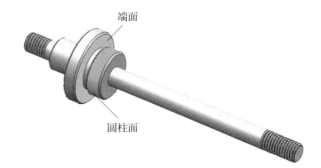

图 2-28　轴套定位用销轴

知识链接

组合定位方式

　　在实际生产中，工件常常是由各种几何形体组合而成的，大多数情况下不能用一种单一表面的定位方式来定位，通常以工件两个或两个以上表面作为定位基准面而形成组合定位。在采用组合定位时，一般应避免重复定位。

　　典型的组合定位方式有三个平面组合、一个平面和一个圆柱孔组合、一个平面和一个外圆柱面组合、其他组合等，见表 2-12。

表 2-12　　　　　　　　　　　　　　　　组合定位方式

定位	图例	说明
三个平面组合		长方体工件若要实现完全定位，需要用三个互成直角的平面作为定位基准面。定位支承按图例的规则布置，称为三基面六点定位

续表

定位	图例	说明
一个平面和一个圆柱孔组合	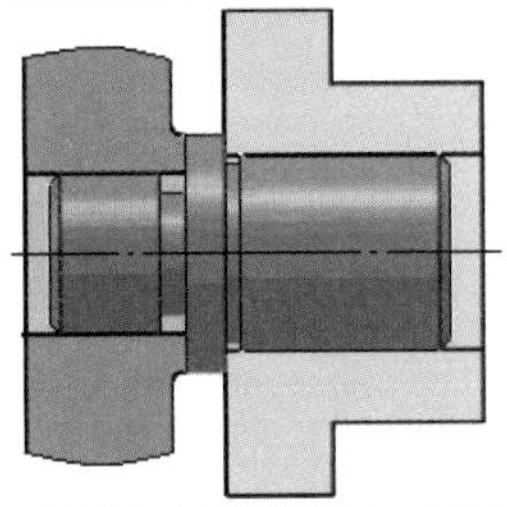	盘套类工件常以孔中心线作为定位基准，与一个端面组合定位。常见的组合方式如图例所示，它能消除工件除绕自身轴线回转外的 5 个自由度
一个平面和一个外圆柱面组合	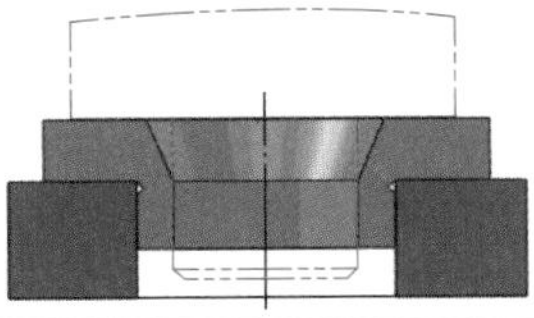	工件以外圆柱轴线为定位基准，与平面组合定位。如图例所示，它能消除工件除绕自身轴线回转外的 5 个自由度
其他组合	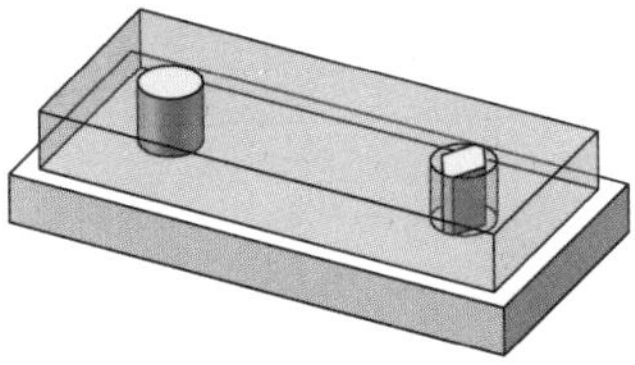	一个平面和两个圆柱孔的组合是箱体类工件常用定位方式
	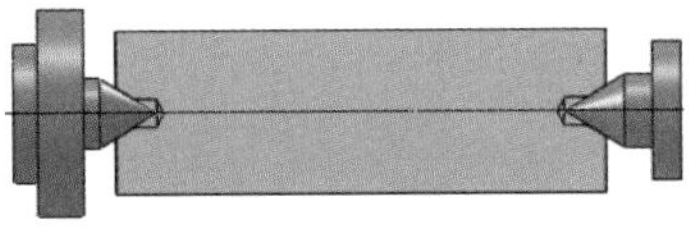	两个圆锥孔（或中心孔）的组合定位
	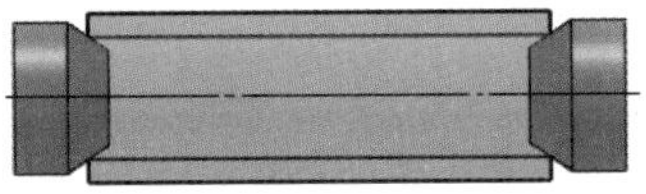	工件以圆柱孔在双圆锥销上组合定位

　　需要指出的是，进行组合定位时，往往应根据具体加工要求对定位元件的结构做必要的改进，例如，在采用一个平面和两个圆柱孔的组合定位方式时，定位元件通常为一个大平面、一个短圆柱销和一个削边销。

　　为了适应加工定位的需要，工件除采用上述典型表面作定位基准外，有时还采用某些特殊表面作为定位基准面，如 V 形导轨面、燕尾形导轨面、齿形面等。

思考与练习 ▶▶

　　1. 试为图 2-29 所示工件的键槽加工选择定位元件。

　　2. 图 2-30 所示为铰链轴加工件，根据工序需要，所有需车削加工的圆柱面均已加工完毕，本工序要求加工其扁柱部分，即铣削扁柱的两个平面（孔由后续工序完成）。试为扁柱加工选择定位元件。

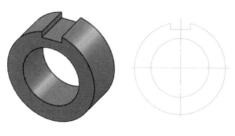

图 2-29　带键槽的轴套工件（尺寸略）

扁柱面

图 2-30　铰链轴加工件（尺寸略）

3. 自位支承和可调支承与辅助支承的作用有什么不同？

4. 图 2-31 所示为连杆盖加工件，其他表面已经加工完毕。根据工序需要，本工序进行四个定位销孔的钻削。试为四个定位销孔加工选择定位元件。

定位销孔

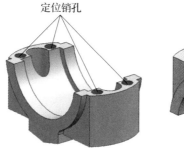

图 2-31　连杆盖加工件

任务四　定位误差的产生及组成

知识点：

◎ 定位误差的概念及组成。

◎ 定位误差的产生原因。

◎ 定位误差的组成。

能力点：

◎ 能分析造成定位误差的原因。

任务提出

在进行夹具设计时，根据六点定则，通过定位元件与工件上相应定位基准面的接触或配合，使工件在夹具中的定位位置得以确定。那么，这个位置的准确程度如何呢？采用图 1-1 所示铣键槽夹具加工键槽时是否存在定位误差？为什么？

任务分析

定位只解决了工件在夹具中位置"定与不定"的问题。由于定位元件及工件定位基准面本身制造误差的存在，使得一批参与定位的工件在夹具中的位置可能发生变化。例如，在长 V 形块上定位的圆柱轴，由于轴径误差的存在，将使其轴线位置发生变化。因此，夹具中的工件还存在位置"准与不准"的问题，即定位误差问题。

知识准备

1. 定位误差及其产生

使用夹具加工时，往往采用调整法。刀具的位置主要根据工件在夹具中的定位基准来调整，夹具相对于刀具的位置一经调定就不再变动。以图 2-32 所示在夹具中定位铣削键槽为例，加工前刀具的位置根据工件的定位基准（轴线）调整好，并保持不变；加工时逐个对一批工件进行定位，完成键槽的加工。

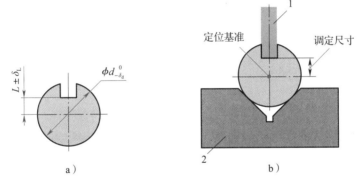

图 2-32 在夹具中定位铣削键槽
a）工序图　b）刀具调整图
1—铣刀　2—V 形块

由于制造误差的存在，一批工件圆柱面（定位基准面）直径尺寸将在给定的公差范围内发生变化，例如，图 2-32 中的直径尺寸将在 $d \sim (d-\delta_d)$ 间发生变化。正是由于工件定位基准面存在误差，使工序基准（轴线）在加工要求方向上（如图 2-32 的垂直方向）发生了位置移动，从而引起本工序加工面（即图 2-32 的刀具底面）对其工序基准的位置误差，这个位置误差就是定位误差。因此，定位误差是指一批工件定位时，被加工表面的工序基准在沿工序尺寸方向上的最大可能变动范围，通常以符号 Δ_D 表示。

除了定位基准面的制造误差以外，定位元件的制造误差、定位元件与定位基准面的配合间隙也是定位误差的产生原因。

需要指出的是，定位误差问题只产生在按调整法加工一批工件的过程中，如果按试切法逐件加工，则不存在该问题。

2. 定位误差的组成

定位误差一般由基准不重合误差和基准位移误差两部分组成。

（1）基准不重合误差

采用夹具定位时，如果工件的定位基准与工序基准不重合，则形成基准不重合误差，以

Δ_B 表示。Δ_B 值的大小等于两基准间尺寸（即定位尺寸）公差在加工尺寸（即工序尺寸）方向上的投影。因此，求解 Δ_B 的关键在于找出定位尺寸公差。现以图 2-33 为例加以说明。

从图 2-33 中可以看出，本工序的工序基准为工件下素线，工件的定位基准为轴线。显然，工序基准与定位基准不重合，该定位方案存在基准不重合误差 Δ_B，其值为两基准间尺寸（定位尺寸）公差值：$\Delta_B = \delta_d/2$。它是同一批工件尺寸变化 [图 2-33 中为 $d \sim (d - \delta_d)$] 所引起的加工尺寸误差。

当定位尺寸为单独的一个尺寸时，定位尺寸公差可直接得出；当定位尺寸由一组尺寸组成时，则定位尺寸公差可按尺寸链原理求出，即定位尺寸公差等于尺寸链中所有组成环公差之和。

基准不重合误差的大小只取决于工件定位基准的选择，而与其他因素无关。要减小该误差值，只有提高两基准之间的制造精度。要消除这个误差，就必须使定位基准与工序基准重合，如图 2-34 所示，以工件下素线作为定位基准，此时，如不考虑其他因素的影响，不论工件的外径尺寸如何变化，其同一批工件的加工尺寸是稳定不变的。

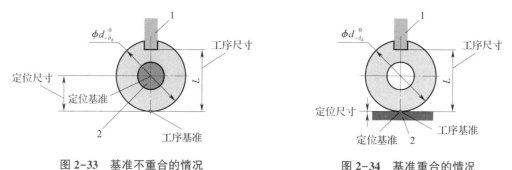

图 2-33　基准不重合的情况
1—铣刀　2—心轴

图 2-34　基准重合的情况
1—铣刀　2—定位支承

（2）基准位移误差

采用夹具定位时，由于工件定位基准面与定位元件不可避免地存在制造误差或者配合间隙，致使工件定位基准在夹具中相对于定位元件工作表面的位置产生位移，从而形成基准位移误差，以 Δ_W 表示。因此，求解 Δ_W 的关键在于找出定位基准在夹具中相对于定位元件工作表面的位置在工序尺寸方向上的最大移动量。

一般情况下，用已加工的平面作定位基准面时，因表面不平整所引起的基准位移误差较小，在分析及计算误差时可以不予考虑。

在进行夹具定位方案设计时，通过对基准不重合误差和基准位移误差的综合就可得知定位方案的定位误差。下面以图 2-35 所示工件以外圆柱面在 V 形块上定位进行孔加工为例加以说明。

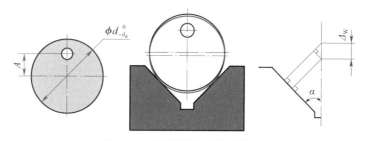

图 2-35　定位基准位移的情况

本工序的工序基准为工件轴线，工件的定位基准也为轴线。显然，工序基准与定位基准重合，该定位方案不存在基准不重合误差 Δ_B。但是，由于工件的直径 d 存在极限偏差，对一批工件而言，工件的定位基准在夹具中的位置将发生移动（图示中的竖直方向）。由于移动出现在本工序尺寸方向，故将引起定位误差。

Δ_W 值等于这一移动的最大范围，对于图 2-35 所示定位方案来说，它等于工件直径分别为最大、最小值时轴线间的距离，即 $\Delta_W = \delta_d / (2\sin\alpha)$。

需要指出的是，基准不重合误差、基准位移误差均为具有方向的矢量。若计算定位误差时不能预先知道各矢量的方向，一般只需计算各矢量的最大值，并按代数值相叠加来求得定位误差值。

任务实施

要想确定定位方案的准确程度，必须进行定位误差的确定。

通过前面的学习得知定位误差由两部分组成，即基准不重合误差和基准位移误差。对于图 1-1 所示的铣键槽夹具，由于工序基准为工件轴线，定位基准也为工件轴线，两者重合，故定位时不存在基准不重合误差。考虑到工件定位基准面（轴套外圆柱面）存在制造误差，所以当其在定位元件（V 形块）上定位时，将产生基准位移误差。

✿ 知识链接

加工误差的组成

由于夹具的使用而造成的加工误差通常可以分为以下三大部分。

1. 工件安装误差

由于工件在夹具中的安装所造成的误差称为工件安装误差，以 $\Delta_{安装}$ 表示。工件安装误差包括工件定位误差 Δ_D 和工件夹紧误差 Δ_J 两大方面。

2. 夹具对定误差

夹具相对机床、刀具及切削成形运动所造成的误差称为夹具在机床上的对定误差，以 $\Delta_{对定}$ 表示。

夹具对定误差包括：夹具位置误差 $\Delta_{夹位}$，它是夹具相对机床及机床切削成形运动的安装位置误差；对刀误差 $\Delta_{对刀}$，它是刀具安装及调整误差。

3. 加工过程误差

由于加工过程的某些因素影响所造成的误差称为加工过程误差，以 $\Delta_{过程}$ 表示。

加工过程误差包括工艺系统的受力变形、热变形、磨损、振动等因素所造成的加工误差。

为保证本工序的加工精度，必须保证上述各项误差之和不大于本工序的工序公差（T），即 $\Delta_{安装} + \Delta_{对定} + \Delta_{过程} \leqslant T$。此式称为夹具误差不等式，是夹具设计中应遵守的一个基本关系式。

当加工过程误差和夹具对定误差不能预先知道时，往往可先粗略地将三大误差各按不大于工序公差的 1/3 来考虑，即 $\Delta_{安装} \leqslant T/3$，$\Delta_{对定} \leqslant T/3$，$\Delta_{过程} \leqslant T/3$。

由于安装误差 $\Delta_{安装}$ 本身包括定位误差 Δ_D 和夹紧误差 Δ_J 两大方面，即 $\Delta_{安装} = \Delta_D + \Delta_J$，因此，一般取定位误差不超过工序公差的 1/3，甚至 1/5。这个要求是夹具的使用能否满足加工精度要求的一项重要依据。

如果某夹具的定位误差超出本工序公差的 1/3，则认为此夹具的定位系统不能满足工件定位安装精度的要求，除非把夹具的定位精度加以提高，否则，此夹具不允许投入实际生产中使用。

思考与练习 ▶▶

1. 如图 2-36 所示的工件图样中，尺寸 A_1 已符合要求，现以 A 面定位铣削台阶面，保证尺寸 A_2。试分析该方案的定位误差情况。

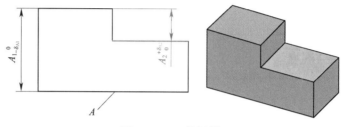

图 2-36　工件图样

2. 试分析根据图 1-14 所示工件设计的钻孔夹具的定位误差情况。
3. 为什么会产生基准位移误差？怎样设法减小基准位移误差？

任务五　定位综合分析

知识点：

◎ 基准不重合误差分析计算。
◎ 基准位移误差分析计算。
◎ 定位误差合成计算。

能力点：

◎ 能根据定位方案进行定位误差的分析计算。

任务提出

图 2-37 所示为台阶轴在 V 形块上定位铣削大轴颈上方键槽，要求保证槽深尺寸 $34.8_{-0.160}^{0}$ mm。已知 V 形块夹角为 90°，试计算定位误差，检验定位质量。

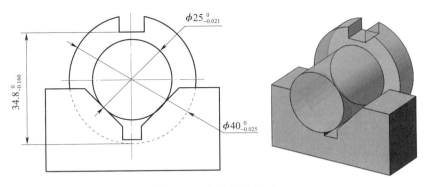

图 2-37　台阶轴铣键槽

任务分析

稳定地保证工件的定位精度和加工质量是夹具的主要作用之一。设计夹具时，当定位方案、定位元件确定后，如何判定本工序是否有足够的定位精度呢？一般来说，定位误差是使用夹具进行加工的一个最主要的误差因素。通常情况下，若能将定位误差控制在加工尺寸公差的 1/3 左右，就可保证使用夹具加工具有足够的定位精度。计算定位误差时，应先分别计算出其基准不重合误差和基准位移误差，再按几何关系将它们合成，最终求出其对加工尺寸的影响。

知识准备

1. 工件以平面定位

工件以平面定位时，基准位移误差是由定位表面的平面度误差引起的。在一般情况下，用已加工过的平面作定位基准时，基准位移误差可以不予考虑，即 $\Delta_W = 0$。因此，工件以平面定位时可能产生的定位误差一般是基准不重合误差。若基准重合，则 $\Delta_B = 0$。

分析及计算基准不重合误差的要点，在于找出工序基准与定位基准间的定位尺寸，其尺寸公差值即基准不重合误差。下面举例说明工件以平面定位时定位误差的分析和计算。

例 2-1　如图 2-38 所示的定位方式中，在铣床上铣削工件的台阶面，要求保证工序尺寸（20±0.15）mm。试分析及计算该定位方案的定位误差，并判断该定位方案是否可行。

解：图 2-38 所示工件以 B 面为定位基准，而工序尺寸（20±0.15）mm 的工序基准为 A 面，显然，基

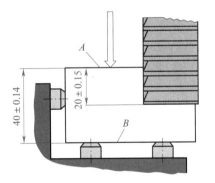

图 2-38　平面定位的定位误差分析

准不重合，因此必然存在基准不重合误差。基准不重合误差的数值由定位尺寸（40±0.14）mm 的公差值确定。所以，$\Delta_B = 0.28$ mm。

由于该工序以精基准平面定位，基准位移误差可以不考虑，即 $\Delta_W = 0$。

故 $\Delta_D = \Delta_B = 0.28$ mm。

由于 Δ_D 远大于加工尺寸公差 0.30 mm 的 $1/3$（0.10 mm），故此方案不合理。

由工艺尺寸链计算可知，本工序直接保证的尺寸（调定尺寸）应为（20±0.01）mm，公差值只有 0.02 mm。改进方法有两个：一是定位方案不变，需在上工序提高定位尺寸的精度，以减小 Δ_D 的数值；二是改变定位方案，以 A 面作为定位基准。

2. 工件以圆柱孔定位

工件以圆柱孔定位时，定位基准是孔中心线。通常采用心轴作为定位元件，由于工件受力方向或采用的定位元件不同，所产生的定位误差也不相同。

（1）工件以圆柱孔在无间隙配合心轴上定位

工件以圆柱孔在过盈配合心轴、小锥度心轴和弹性心轴上定位时，由于定位副间不存在径向间隙，故可认为圆柱孔中心线与心轴轴线重合，没有基准位移误差，即 $\Delta_W = 0$。

在此情况下，定位误差的计算即成为基准不重合误差的计算，即 $\Delta_D = \Delta_B$。

（2）工件以圆柱孔在间隙配合心轴上定位

工件以圆柱孔在间隙配合心轴上定位时，因心轴的放置位置不同或工件所受外力合力的作用方向不同，孔与心轴有固定单边和任意边两种接触方式。

1）圆柱孔与心轴固定单边接触

定位副之间有径向间隙，且间隙只存在于单边并固定在一个方向上。例如，图 2-39 所示为圆柱孔与心轴在 Z 轴方向固定单边接触。

为了工件安装方便，设计时，应确保定位副间的最小安装间隙 X_{min}，即 $X_{min} = D - d$。当圆柱孔以最大直径（D_{max}）与最小心轴直径（d_{min}）相配合时，

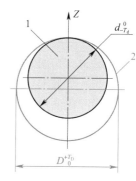

图 2-39　圆柱孔与心轴固定单边接触
1—定位心轴　2—圆柱孔

将出现最大间隙（X_{max}），如图 2-40a 所示。这种情况下孔中心线位置的变动量最大，如图 2-40b 所示，即为基准位移误差：

$$\Delta_W = \frac{1}{2}X_{max} = \frac{1}{2}(D_{max} - d_{min}) = \frac{1}{2}\left[(D+T_D) - (d-T_d)\right] = \frac{1}{2}(X_{min} + T_D + T_d)$$

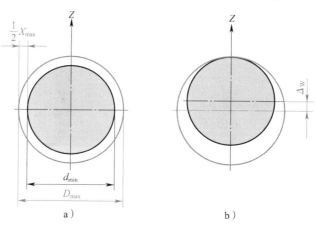

a）　　　　　　　　　　b）

图 2-40　固定单边接触时的基准位移误差

$X_{\min}$ 是始终不变的常量，属于常值系统误差。这个数值可以在调整刀具位置时预先加以考虑，消除其对基准位移误差的影响，故 $\Delta_{\mathrm{W}} = \dfrac{1}{2}(T_{\mathrm{D}} + T_{\mathrm{d}})$。

2）圆柱孔与心轴任意边接触

圆柱孔与心轴任意边接触如图 2-41 所示，定位副之间有径向间隙，但圆柱孔对于心轴可以在间隙范围内做任意方向、任意大小的位置变动。

孔中心线的最大位置变动量即为基准位移误差。圆柱孔中心线的变动范围为以最大间隙 $X_{\max}$ 为直径的圆柱体，最大间隙发生在最大圆柱孔直径与最小心轴直径相配合时，且方向是任意的，如图 2-42 所示。

$$\Delta_{\mathrm{W}} = X_{\max} = X_{\min} + T_{\mathrm{D}} + T_{\mathrm{d}}$$

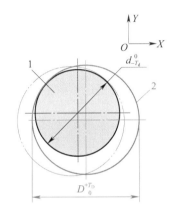

图 2-41　圆柱孔与心轴任意边接触
1—定位心轴　2—圆柱孔

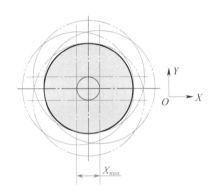

图 2-42　任意边接触时的基准位移误差

任意边接触的基准位移误差是固定单边接触时基准位移误差的两倍。因其误差的方向是任意的，$X_{\min}$ 无法在调整刀具时预先予以补偿，故无法消除其对基准位移误差的影响。

以上分析了工件以圆柱孔定位在不同情况下基准位移误差的计算方法。是否有基准不重合误差的存在，取决于工件的定位基准是否为工件加工尺寸的工序基准。下面举例说明工件以圆柱孔定位时其定位误差的分析及计算。

例 2-2　工件以圆柱孔定位铣削键槽如图 2-43 所示。设定位心轴水平放置，工件在垂直向下的外力作用下，其圆柱孔与心轴的上素线接触。试求图中工序尺寸 H_1、H_2、H_3 的定位误差。

解：轴套圆柱孔与心轴属于固定单边接触。定位方式确定后，则其基准位移误差就确定了，

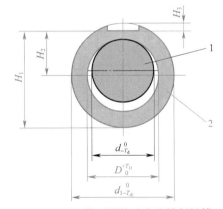

图 2-43　工件以圆柱孔定位铣削键槽
1—定位心轴　2—轴套

求图中工序尺寸的定位误差，则应主要分析及计算其基准不重合误差。定位误差分析及计算见表 2-13。

表 2-13   定位误差分析及计算

工序尺寸	定位基准	工序基准	基准不重合误差 Δ_B	基准位移误差 Δ_W	定位误差 Δ_D
H_1		圆柱下素线	$\dfrac{1}{2}T_{d1}$		$\Delta_B + \Delta_W$
H_2	内孔中心线	内孔中心线	0	$\dfrac{1}{2}(T_D + T_d + X_{\min})$	Δ_W
H_3		圆柱上素线	$\dfrac{1}{2}T_{d1}$		$\Delta_B + \Delta_W$

注：1. 两项误差的合成应根据误差的实际作用方向取其代数和。当基准位移误差和基准不重合误差分别使工序尺寸做相同方向变化（即同时使工序尺寸增大或减小）时，取相同符号，否则取相反符号。

      2. $X_{\min}$ 可在调整刀具位置时消除。

3. 工件以外圆柱面定位

工件以外圆柱面定位时，可以采用定心定位，也可以采用支承定位。定心定位的分析及计算方法与工件以圆柱孔定位相同；支承定位的分析及计算方法则与工件以平面定位相同。下面主要分析工件以外圆柱面在 V 形块上定位的定位误差。

如图 2-44 所示，对一批工件而言，外圆柱直径制造误差的存在，必将引起其轴线在 V 形块对称工作面内的位置移动，即基准位移误差。其值为：

$$\Delta_W = OO_1 = \frac{T_d}{2\sin\dfrac{\alpha}{2}}$$

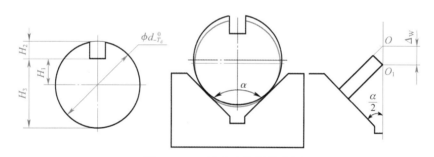

图 2-44   V 形块定位误差分析

当工件外圆直径的公差一定时，基准位移误差随 V 形块工作角度的增大而减小。当 $\alpha = 180°$ 时，$\Delta_W = \dfrac{1}{2}T_d$ 为最小，这时 V 形块的两工作面展平为水平面，失去对中作用，这种情况可按支承定位分析定位误差。

由于加工尺寸的工序基准不同，图 2-44 中有三种（即 H_1、H_2、H_3）标注形式，其定位误差的分析及计算见表 2-14。

表 2-14   定位误差的分析及计算

工序尺寸	定位基准	工序基准	基准不重合误差 Δ_B	基准位移误差 Δ_W	定位误差 Δ_D
H_1		圆柱轴线	0		Δ_W
H_2	圆柱轴线	圆柱上素线	$\dfrac{1}{2}T_d$	$\dfrac{T_d}{2\sin\dfrac{\alpha}{2}}$	$\Delta_W + \Delta_B$
H_3		圆柱下素线			$\Delta_W - \Delta_B$

通过以上分析可知，当定位方案确定后，定位误差就取决于工序尺寸的标注方式。外圆柱面在 V 形块上定位，如外圆柱的下素线为工序基准时，定位误差最小。因此，控制轴类工件键槽深度最好以下素线为工序基准。

例 2-3 分析及计算图 1-1 所示铣键槽夹具的定位误差。

解：在图 1-1 所示铣键槽夹具（工件图样参见图 1-12）中，铣削夹具定位方案中需要保证的工序尺寸有键槽宽 $6^{+0.03}_{0}$ mm、槽长 22 mm、槽底距离 $37^{0}_{-0.4}$ mm、槽宽 $6^{+0.03}_{0}$ mm 的对称度公差 0.05 mm。

铣削夹具定位方案：要保证键槽宽 $6^{+0.03}_{0}$ mm、槽底距离 $37^{0}_{-0.4}$ mm、槽宽 $6^{+0.03}_{0}$ mm 的对称度公差 0.05 mm 等要求，必须限制 $\vec{Y}$、$\vec{Z}$ 两个自由度；为保证定位平稳采用 V 形块，必须限制 $\widehat{Y}$、$\widehat{Z}$ 两个自由度；要保证槽长 22 mm，必须限制 $\vec{X}$ 自由度。共限制五个自由度。

槽宽 $6^{+0.03}_{0}$ mm 由刀具保证；槽长 22 mm 由机床进给保证；对于槽宽 $6^{+0.03}_{0}$ mm 的对称度公差 0.05 mm，由于采用 V 形块定位，对中性好，$\Delta_{D}=0$；对于槽底距离 $37^{0}_{-0.4}$ mm，工件以轴线为定位基准，工序基准也为轴线，显然基准重合，由于工件外圆尺寸存在极限偏差，因此，在 V 形块上定位必然存在基准位移误差 Δ_{W}，根据公式 $\Delta_{D}=\Delta_{W}=0.039$ mm$/1.414 \approx 0.028$ mm。

任务实施

对于如图 2-37 所示台阶轴在 V 形块上定位铣削大轴颈上方键槽的定位方案，定位基准为 $\phi25^{0}_{-0.021}$ mm 圆柱轴线，工序基准为 $\phi40^{0}_{-0.025}$ mm 圆柱下素线，两基准不重合，故存在基准不重合误差 $\Delta_{B}=0.025$ mm$/2=0.0125$ mm。另外，由于定位基准 $\phi25^{0}_{-0.021}$ mm 圆柱存在偏差，因此，在 V 形块上定位必然存在基准位移误差 $\Delta_{W}=0.021$ mm$/1.414 \approx 0.015$ mm。

由于不能预知各误差分量的方向，故定位误差值按最不利情况将各误差最大代数值相叠加，$\Delta_{D}=\Delta_{B}+\Delta_{W}=0.0125$ mm$+0.015$ mm$=0.0275$ mm，$T/3=0.16$ mm$/3 \approx 0.053$ mm，$\Delta_{D}<T/3$，故该定位方案可行。

🔩 知识链接

工件以一面两孔定位

工件以一面两孔定位的情况如图 2-45 所示，此时两销在中心线连线方向上有重复消除自由度现象。下面从定位误差的角度分析工件以一面两孔定位时需要解决的问题。

1. 需要解决的问题

（1）理想情况分析

设工件上两孔中心线距离为 $L \pm T_{LK}$，夹具上两销中心线距离为 $L \pm T_{LX}$。理想情况下，孔 1 中心线与销 1 中心线重合时，孔 2 中心线与销 2 中心线也重合，此时两孔和两销之间分别留有装卸工件所需的最小间隙 X_{1min} 和 X_{2min}。

（2）实际情况分析

由于孔距与销距的制造误差，孔 1 中心线与销 1 中心线重合时，孔 2 中心线与销 2 中心线不可能重合。在孔距为最大（$L+T_{LK}$）、销距为最小（$L-T_{LX}$），或孔距为最小（$L-T_{LK}$）、

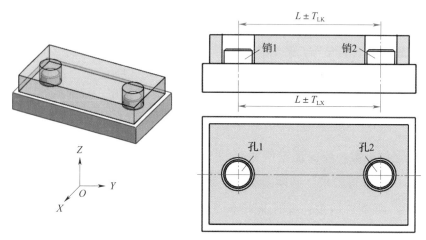

图 2-45　工件以一面两孔定位

销距为最大（$L+T_{LX}$）的极限情况下，若使孔 2 能顺利装入销 2，并留一最小装卸间隙，必须减小销 2 的直径。

（3）实际后果

销 2 直径的减小，势必会增大孔 2 的基准位移误差。如图 2-46 所示，在孔距与销距相同时，孔 2 在垂直于两孔中心线连线方向的基准位移误差等于孔销最大间隙。孔 2 基准位移的增大，将引起定位的基准角度误差的增大。

（4）解决办法

为避免以上后果的出现，则不减小销 2 的直径。但为确保孔 2 装入销 2，必须削除销 2 上与孔 2 发生干涉的部分。为了制造方便，常采用削边的办法。

图 2-47 所示为削边销的几种结构，其中图 2-47a 为平行边结构，用于定位孔径尺寸大于 50 mm 的场合；图 2-47b 为最常用削边销结构，用于定位孔径 3~50 mm 的尺寸范围；图 2-47c 在削边销标准中已不再推荐采用。削边销的标准结构及尺寸见 JB/T 8014.1~8014.3—1999。

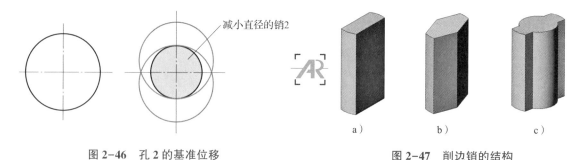

图 2-46　孔 2 的基准位移　　　　　　图 2-47　削边销的结构

2. 基准位移误差

工件以一面两孔定位的基准位移误差计算可分为两部分进行。

（1）工件在两孔中心线连线方向的基准位移误差

工件在两孔中心线连线方向的基准位移误差由孔 1 和销 1（未使用削边销）决定。孔 1 中心线的最大位移变动量与圆柱孔定位任意边接触的情况相同，在任何方向上均为 $\Delta_{W1} =$

$X_{1max} = T_{D1} + T_{d1} + X_{1min}$。

（2）基准角度误差

基准角度误差是两孔中心线连线相对其理想位置（即两销中心线连线）的最大偏转角度，其值为 $\Delta_{JJ} = \pm\arctan\dfrac{\Delta_{W_{1X}} + \Delta_{W_{2X}}}{2L}$。

为了减小基准角度误差，两个定位孔之间的距离应尽可能取大些。

思考与练习 ▶▶

1. 图 2-48 所示为工件镗孔加工图样，孔 1、孔 2 均已加工完成。下面以工件底面 A 为定位基准镗削孔 3，要求保证尺寸（15±0.055）mm，试检验该方案的定位精度。

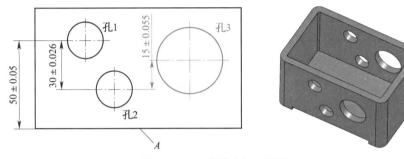

图 2-48　工件镗孔加工图样

2. 如图 2-49 所示，工件以 d_1 外圆柱面定位，加工 ϕ10H8 孔。已知 $d_1 = 30_{-0.02}^{\ 0}$ mm，$d_2 = 55_{-0.056}^{-0.010}$ mm，$H = （40\pm0.15）$ mm，$t = 0.03$ mm，试求加工尺寸 H 时的定位误差。

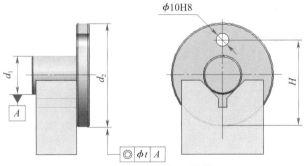

图 2-49　工件加工图样

工件的夹紧

在机械加工过程中，工件会受到切削力、离心力、惯性力等的作用。为了保证在这些外力作用下，工件仍能在夹具中保持已有定位元件所确定的加工位置，而不致产生振动和位移，在夹具结构中通常必须设置一定的夹紧装置。

任务一　夹紧装置的确定

知识点：

◎ 夹紧装置的要求。

◎ 夹紧装置的组成。

◎ 基本夹紧机构。

能力点：

◎ 能为机床夹具确定夹紧装置。

任务提出

工件定位后，将工件固定并使其在加工过程中保持定位位置不变的装置称为夹紧装置。机床夹具通常少不了夹紧装置，试为图 1-14 所示零件的钻床夹具确定夹紧装置。

任务分析

一般夹具都需要设置夹紧装置，但少数情况除外，例如，在重型工件上钻小孔时，工件本身的质量较大，使得其与工作台间的摩擦力足以克服钻削力和钻削转矩，此时就不必夹紧工件。

要想设计出合理的夹紧装置，必须对夹紧装置的要求、组成及基本夹紧机构有全面的认识。

知识准备

1. 夹紧装置的要求

夹紧装置设计得合理与否，对保证工件加工质量、提高生产率和减轻工人劳动强度有着很大的影响。对夹紧装置的基本要求如下：

（1）在夹紧过程中，应不破坏工件定位所获得的确定位置。

（2）夹紧力应保证工件在加工过程中的位置稳定不变，不产生振动或移动；夹紧变形小，不损伤工件表面。

（3）操作安全、可靠、方便、省力。

（4）结构简单，制造容易，其复杂程度和自动化程度应与工件的产量和生产进度相适应。

2. 夹紧装置的组成

夹紧装置的结构形式多种多样，一般由三部分组成，即力源装置、中间递力机构、夹紧元件。下面以图 3-1 所示的夹紧装置为例加以说明。

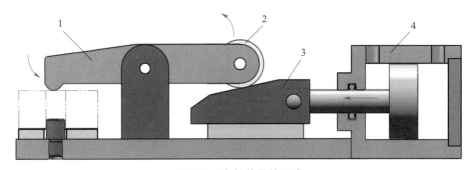

图 3-1　夹紧装置的组成
1—压板　2—滚子　3—斜楔　4—气缸

（1）力源装置

力源装置是机动夹紧时产生原始作用力的装置，通常是指气动、液压、电动等动力装置。图 3-1 中的气缸就是力源装置。手动夹紧时，不需要力源装置。

（2）中间递力机构

中间递力机构是介于力源装置和夹紧元件之间传递动力的机构。它将人力或力源装置产生的原始作用力转变为夹紧作用力，并传递给夹紧元件，然后由夹紧元件完成对工件的夹紧。

中间递力机构在传递夹紧作用力的过程中，根据夹紧的需要可以起不同的作用。

1）改变夹紧作用力的方向

如图 3-1 所示，气缸产生水平方向的作用力，通过斜楔和铰链、压板转变为竖直方向的夹紧力。

2）改变夹紧作用力的大小

常用斜面原理、杠杆原理来改变夹紧作用力的大小（通常为增力）。如图 3-1 所示的夹紧装置便是如此。

3）自锁作用

力源消失后，工件仍然应得到可靠的夹紧。例如，铣键槽夹具的螺旋夹紧机构就利用了螺纹的自锁作用。这一点对于手动夹紧特别重要。

（3）夹紧元件

夹紧元件是执行夹紧的元件，它与工件直接接触，包括各种压板（见图 3-1 中的压板）、压块等。

在实际生产中，有些夹紧装置不需要中间递力机构，如利用螺钉直接夹紧工件的情况。

需要指出的是，在有些夹具中，夹紧元件（见图 3-1 中的压板）往往就是中间递力机构的一部分，难以区分，常统称为夹紧机构。

3. 基本夹紧机构

在夹具的各种夹紧机构中，起基本夹紧作用的多为斜楔、螺旋机构、偏心轮、杠杆、薄壁弹性件等。其中，以斜楔、螺旋机构、偏心轮以及由它们组合而成的夹紧机构应用最为普遍。这三类机构在形成原理方面基本相同，但在结构、用途上有各自的特点。

（1）斜楔夹紧机构

图 3-2 所示为采用斜楔夹紧工件的斜楔夹紧机构，在工件顶面钻削一个 $\phi8$ mm 的孔，另外在侧面加工一个 $\phi5$ mm 的孔。工件放入夹具后，锤击斜楔大端，则斜楔通过斜面作用对工件施加挤压力，将工件楔紧在夹具中。加工完毕，通过锤击斜楔小端，即可松开工件。

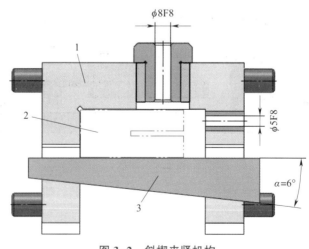

图 3-2 斜楔夹紧机构
1—夹具体 2—工件 3—斜楔

需要指出的是，在夹具中，直接使用斜楔夹紧工件的情况比较少见，这是因为它产生的夹紧力有限，且夹紧费时，所以只有在要求夹紧力不大、产品数量不多的个别情况下才使用。但是，将斜楔与其他机构组合使用的情况却比较普遍。例如，螺旋夹紧机构或偏心夹紧机构，实际上是斜楔夹紧机构的变形；另外，在气动夹具中常用斜楔作为增力机构。

用斜楔夹紧工件时，需要解决原始作用力和夹紧力的变换以及合理选择斜楔升角保证自锁等问题。所谓斜楔夹紧机构的自锁，是指在原始力撤离后，夹具体内的斜楔不发生位置移动（如图 3-2 中的右移）。斜楔夹紧机构的自锁条件为：斜楔升角（α）小于斜楔与夹具体间的摩擦角（φ_2）同斜楔与工件间的摩擦角（φ_1）之和。对于一般钢铁材料的加工表面，其摩擦因数 $\mu = 0.1 \sim 0.15$，由于 $\tan\varphi = \mu$，因此一般摩擦角 φ_1、φ_2 在 $5°43' \sim 8°32'$ 范围内。故满足自锁条件的斜楔升角 α 可在 $11° \sim 17°$ 范围内选取。为安全锁紧，α 一般取 $6° \sim 8°$。考虑到 $\tan\alpha = \tan6° \approx 0.1$，工程上的自锁性斜面和锥面的斜度常取 $1 : 10$。对于气动和液压夹紧等原始力始终作用的斜楔，其升角可不受此限制，一般 α 取 $15° \sim 30°$。

（2）螺旋夹紧机构

螺旋夹紧机构是斜楔夹紧机构的变形，它可看作把一个很长的斜楔环绕在圆柱上而形成。这样，原来的直线楔紧就转化成螺杆、螺母间的相对旋转夹紧，并且斜楔升角可以控制得很小，能有效提高夹紧力和自锁性能。

图 3-3 所示为螺旋夹紧机构在铣床夹具中的应用。螺旋夹紧机构中的主要元件是螺钉（或螺杆）与螺母，在螺纹传动作用下，转动螺母就可以对工件实行夹紧和松开。

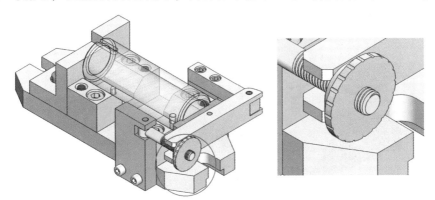

图 3-3 螺旋夹紧机构在铣床夹具中的应用

常用螺旋夹紧机构包括普通螺旋夹紧机构、快速螺旋夹紧机构、螺旋压板组合夹紧机构等。普通螺纹的螺纹升角 α 远小于材料间的摩擦角 φ，故广泛用于各种紧固连接。

1）普通螺旋夹紧机构

图 3-4 所示为常用普通螺旋夹紧机构。为了减小螺杆端部与工件接触的半径，防止夹紧及松开工件时螺杆端部与工件摩擦造成工件转动，一般将螺杆端部制成图中所示的球面。

需要指出的是，球面端部螺杆容易压伤工件表面，为此，可在螺杆头部装上可以摆动的压块，这样，既可以防止工件的转动，又可以把压紧面扩大，有利于保护工件的已加工表面。因具体的夹紧方式不同或工件的表面精度差异，压块有光面压块、槽面压块、圆压块和弧形压块四种基本类型，且已标准

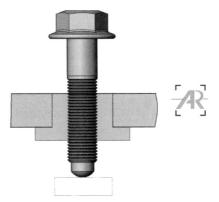

图 3-4 普通螺旋夹紧机构

化，具体内容见表3-1。

表 3-1　　　　　　　　　　　压块的基本类型

基本类型	图例	说明
光面压块		光面压块的工作面为光滑环面，用于夹紧表面小且比较光滑的工件。光面压块的标准代号为 JB/T 8009.1—1999
槽面压块		槽面压块的工作面为齿纹面，用于夹紧表面大且比较粗糙的工件。槽面压块的标准代号为 JB/T 8009.2—1999
圆压块		圆压块具有浮动作用，在工件夹紧过程中可根据表面的倾斜角度而发生改变，从而可靠地夹紧。圆压块的标准代号为 JB/T 8009.3—1999
弧形压块		弧形压块具有浮动作用，在工件夹紧过程中表面若有任何方向的（轻微的）角度变化，压块就会自行调整，从而将工件可靠地夹紧。弧形压块的标准代号为 JB/T 8009.4—1999

2）快速螺旋夹紧机构

为了克服螺旋夹紧操作时间较长的缺点，实际生产中出现了各种快速接近或快速撤离工件的螺旋夹紧机构，称为快速螺旋夹紧机构。图3-5所示为常见快速螺旋夹紧机构。

图3-5a中采用螺旋夹紧机构中广泛使用的开口垫圈。松开夹具时，只要稍微松开压紧的螺母即可抽出开口垫圈，把工件向上提起并卸下。实际装夹中，螺母的轴向移动量可以控制得很小，从而提高装夹效率。

图3-5b所示的螺母结构称为快撤动作螺母。这个螺母内孔中制有与螺孔中心线成一较小角度的光孔，其孔径略大于螺纹的大径。松开夹具时，只要稍微拧松螺母，即可倾斜地提起螺母而卸下工件。

图3-5c为栓槽式快速夹紧机构。螺杆的夹紧螺旋槽前段设置有一段轴向快移直导槽，用于松开夹具时螺杆的轴向快速移动。装夹时，首先沿轴向推进螺杆，当前端压块顶住工件时，螺杆离开直导槽，进入夹紧螺旋槽部分，然后转动手柄，即可夹紧工件。松开夹具时，把螺杆转至直导槽处，即可迅速沿轴向拉回螺杆，快速卸下工件。

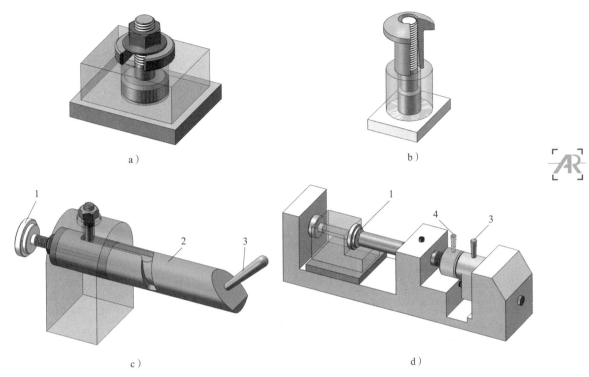

图 3-5　常见快速螺旋夹紧机构
1—压块　2—螺杆　3—手柄　4—螺母手柄

图 3-5d 为快移式螺杆机构，工作中螺杆不发生转动。松开夹具时，首先旋松螺母手柄，然后扳转手柄，即可快速向后拉回螺杆；夹紧时的动作顺序相反，先推进螺杆，顶住工件，然后扳转手柄，使它顶住螺杆的后部，最后转动螺母手柄进行夹紧。

3）螺旋压板组合夹紧机构

将夹紧性能优良的螺旋结构与结构简单、灵活的各类压板相组合，就可以得到较为理想的螺旋压板组合夹紧机构。典型的螺旋压板组合夹紧机构如图 3-6 所示。图 3-6a、图 3-6b 均为移动式压板，图 3-6c 为回转式压板，图 3-6d 为翻转式压板。

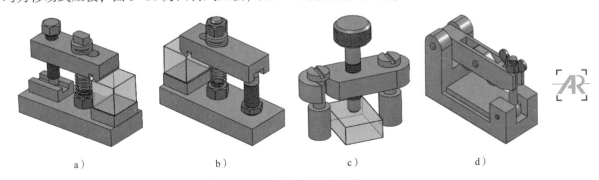

图 3-6　螺旋压板组合夹紧机构
a）、b）移动式压板　c）回转式压板　d）翻转式压板

压板可以克服螺旋夹紧动作较慢的缺点，提高装夹效率，所以在实际生产中得到广泛应

用。螺旋压板组合夹紧机构是螺旋夹紧机构中应用最为广泛的一类。如果在夹具上安装夹紧机构的位置受到限制，不能采用各种压板时，可以改变压板的结构形式或者采用钩形压板。

（3）偏心夹紧机构

偏心夹紧机构是指由偏心件直接夹紧或与其他元件组合而夹紧工件的机构。偏心件一般有圆偏心件和曲线偏心件两种类型，常用的是圆偏心件（偏心轮或偏心轴），曲线偏心件只在特殊需要时才使用。

圆偏心件常与其他元件组合使用，如图 3-7 所示为常用的偏心夹紧机构。偏心轮通过销轴与悬置压板进行偏心铰接，压下手柄，工件即被压板压紧；抬起手柄，工件即被松开，拖动压板及偏心轮即可让出装卸空间，装夹操作迅速、方便。

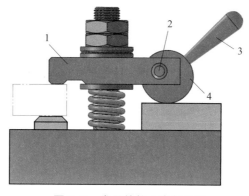

图 3-7　常用的偏心夹紧机构
1—压板　2—销轴　3—手柄　4—偏心轮

直径为 D、偏心距为 e 的圆偏心轮（见图 3-8）相当于两个套在偏心"基圆"（直径为 $D-2e$）上的弧形楔块。与平面斜楔相比，其主要特性是工作表面上各点的升角是连续变化的值。可以证明，轮缘上最大楔升角 $\alpha_{max} = \arcsin \dfrac{2e}{D}$。

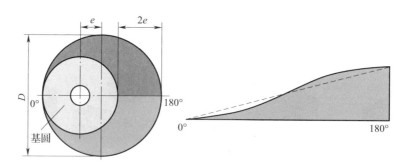

图 3-8　圆偏心特性

圆偏心轮的这一特性非常重要，它直接影响偏心夹紧机构工作曲线段的选择、自锁条件的确定、夹紧力的计算和主要结构尺寸的确定等。

1）工作曲线段的选择

圆偏心轮工作时，主要考虑有效夹紧力的大小、有效夹紧行程大小和可靠自锁几个基本条件。在有效的夹紧转角范围内应得到尽可能大的夹紧行程，这是圆偏心轮工作曲线段选择的主要原则。

圆偏心轮工作曲线段的选择见表 3-2。

表 3-2　　　　　　　　　　　　　　圆偏心轮工作曲线段的选择

曲线段	特点	选用情况
$0° \sim 45°$	曲线的升程很小，通常不能快速趋近工件	一般不采用
$90° \sim 180°$	前半段升程迅速增大，有利于快速趋近工件；后半段楔升角逐渐减小，曲线平缓，有利于得到大而稳定的有效夹紧力，且自锁性良好。但在接近 180° 时升程为零，容易发生"咬死"现象	常用
$45° \sim 135°$	升程迅速增大，但后半段楔升角较大，不利于有效夹紧。由于楔升角的变化值较大，工件厚度稍加变化时，夹紧力和自锁性的变化都较大，夹紧性能就有较大差异	适用于夹紧方向上尺寸误差较小的工件的夹紧

2）自锁条件的确定

由斜楔夹紧机构的自锁条件 $\alpha < \varphi_1 + \varphi_2$ 可知，圆偏心夹紧时应保证 $\alpha_{max} \leqslant \varphi_1 + \varphi_2$，由于圆偏心轮的转轴处常采用滑动轴承或滚动轴承，摩擦很小，因此 φ_2 值往往很小，不足以维持圆偏心轮的自锁，故将 φ_2 略去，不予考虑。故圆偏心轮的工作自锁应满足条件：$\dfrac{2e}{D} \leqslant \tan\varphi_1 = \mu_1$。式中，$\mu_1$ 为摩擦因数，在实际应用中常取 0.1 或 0.15。由此可得到圆偏心轮保证自锁的结构条件：$e \leqslant \dfrac{D}{20}$ 或 $e \leqslant \dfrac{D}{14}$。

任务实施

根据轴套的结构特点及加工工序要求，该钻床夹具可以采用如图 3-9 所示的销轴定位及螺旋夹紧方案。

该夹紧装置由销轴（兼起工件的定位作用）、开口垫圈和锁紧螺母组成，操作时，只需拧松锁紧螺母，抽出开口垫圈，即可取出已加工工件，操作简单，且生产率高。

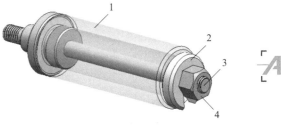

图 3-9　钻床夹紧装置
1—工件　2—开口垫圈　3—销轴　4—锁紧螺母

知识链接

其他夹紧机构

除以上夹紧机构外，夹具中还经常使用其他夹紧机构，如铰链夹紧机构、定心夹紧机构、联动夹紧机构等。

1. 铰链夹紧机构

铰链夹紧机构是一种增力机构，增力倍数较大，一般没有自锁性，摩擦损失较小，故在气动夹具中获得较广泛的应用。

铰链夹紧机构有五种基本类型，分别是单臂铰链夹紧机构（Ⅰ型）、双臂单作用的铰链夹紧机构（Ⅱ型）、双臂单作用带移动柱塞的铰链夹紧机构（Ⅲ型）、双臂双作用的铰链夹紧机构（Ⅳ型）、双臂双作用带移动柱塞的铰链夹紧机构（Ⅴ型）。图 3-10 所示为单臂铰链夹紧机构。

单臂铰链夹紧机构在气缸的气压作用下，原始作用力经铰链传到连杆，连杆两端是铰链连接，下端铰链带有滚子。滚子可在垫板上来回运动，当滚子落到垫板外面时，使压板抬起，便于装卸工件。滚子向右运动，通过连杆和上端铰链将增大的力作用在压板上，夹紧工件。夹紧力的大小与夹紧时连杆的倾斜角、连杆两端铰链处的当量摩擦角等的大小有关。

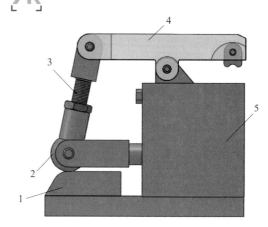

图 3-10　单臂铰链夹紧机构（已简化）
1—垫板　2—滚子　3—连杆　4—压板　5—气缸

2. 定心夹紧机构

定心夹紧机构是一种具有定心作用的夹紧机构。它在工作过程中能同时实现工件定心（对中）定位和夹紧两种作用。定心夹紧机构主要用于要求准确定心（或对中）的场合。在定心夹紧机构中，与工件定位基准面相接触的元件既是定位元件，又是夹紧元件。它利用定位—夹紧元件的等速移动或均匀弹性变形的发生，使工件中心线或对称面不产生位移，实现定心夹紧作用。

图 3-11 所示为按定位—夹紧元件等速移动原理实现定心的夹紧机构。这类机构的特点是通过中间递力机构，如螺旋机构、斜楔、杠杆等，使定位—夹紧元件等速移动，实现定心夹紧作用，其中螺旋定心夹紧机构较常用。需要指出的是，由于制造误差和配合间隙的存在，此类定心夹紧机构的定心精度不高，常应用于粗加工中。

对于按夹紧元件均匀弹性变形原理实现定心的夹紧机构，因其夹紧元件的弹性变形小而均匀，其定位精度比较高，适用于精密机构。这类夹紧机构中的弹簧夹头应用比较广泛，其结构如图 3-12 所示。

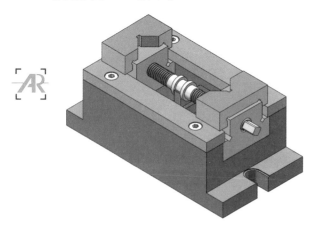

图 3-11　螺旋定心夹紧机构（已简化）

图 3-12　弹簧夹头

3. 联动夹紧机构

在机械加工中，根据工件的结构特点、定位基准面状况和生产率要求，有些夹具需要有几处夹紧点同时对一个工件进行夹紧，或者在一个夹具中同时夹紧几个工件。有些夹具除夹紧动作外，还需要松开或紧固辅助支承。为此，在生产中常采用联动夹紧机构。联动夹紧机构用于手动夹具可以简化操作，减轻劳动强度；用于机动夹具则可以减少动力装置（如气缸或液压缸等），简化结构，降低成本。

常见的联动夹紧机构有单件多点夹紧机构和多件联动夹紧机构之分。其中，多件联动夹紧机构又有多件平行夹紧、多件对向夹紧、多件连续夹紧等结构形式。

联动夹紧机构所需原始作用力较大，有时需增加中间递力机构，从而使其结构复杂。设计时应综合考虑其结构是否经济合理。

思考与练习 ▶▶

1. 对夹具的夹紧装置一般有哪些基本要求？

2. 定心夹紧机构的自动定心原理是什么？

3. 查阅机械行业标准《机械加工定位、夹紧符号》（JB/T 5061—2006），解释图 3-13 所示箱体镗孔工序简图中各符号的含义。

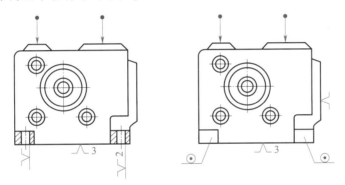

图 3-13　箱体镗孔工序简图

4. 试分析如图 3-14 所示转动式压板端面凸轮夹紧机构的工作原理。

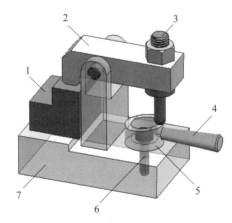

图 3-14　转动式压板端面凸轮夹紧机构
1—工件　2—压板　3—滑动杆　4—手柄　5—端面凸轮　6—固定轴销　7—夹具体

任务二　夹紧力的确定

知识点：

◎ 夹紧力方向的确定。

◎ 夹紧力作用点的选择。

◎ 夹紧力大小的计算。

能力点：

◎ 能进行斜楔夹紧机构夹紧力的计算。

任务提出

工件在夹具中的夹紧是通过夹紧装置对其施加一定的夹紧力实现的。在设计夹紧装置时，首先要考虑如何施加夹紧力，然后再确定其合理的结构。因此，夹紧力的确定在夹具设计中占有重要的地位。在常用夹紧机构中，斜楔夹紧机构的夹紧力是如何计算的呢？

任务分析

夹紧力与其他力一样，具有三个要素：力的作用方向、力的作用点和力的大小。确定夹紧力是一个综合性的问题，必须将工件的加工要求和特点、定位元件的结构形式和布置方式、工件的重力和所受外力作用的情况等联系起来考虑。

知识准备

1. 夹紧力方向的确定

夹紧力的方向主要与工件定位基准的配置以及工件所受外力的作用方向等有关，确定时应遵循以下原则：

（1）夹紧力应垂直于主要定位基准面

工件主要定位基准面的面积一般较大，消除的自由度较多，夹紧力垂直于此面时，由夹紧力所引起的单位面积上的变形较小，有利于保证装夹的稳定性和加工质量。

如图 3-15 所示，在一角形支座上镗孔，要求保证孔的中心线与平面 A 垂直。从定位的观点看，应以工件的平面 A 为主要定位基准面，夹紧力的方向应垂直于平面 A，这样易于保证加工要求。

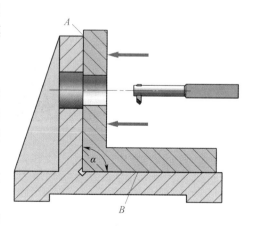

图 3-15　夹紧力作用方向

如果不是朝向平面 A 而是朝向平面 B 施加夹紧力，则由于 A、B 两平面夹角误差的影响，会使平面 A 离开夹具的定位表面或使平面 A 产生变形，其结果都是破坏了定位方案，如图 3-16 所示，这样将不能保证加工孔与平面 A 的垂直度要求。

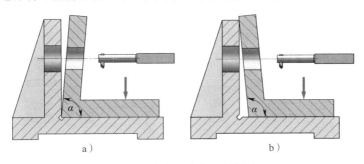

图 3-16 夹紧力方向不当的情况
a）$\alpha<90°$ b）$\alpha>90°$

（2）夹紧力应尽可能与切削力、工件重力同向

当夹紧力与切削力、工件重力同向时，加工过程中所需的夹紧力最小，从而能简化夹紧装置的结构，且便于操作。

如图 3-17 所示的夹紧装置，夹紧力 W、切削力 F 和工件重力 G 三者均垂直于主要定位基准面。G 和 F 的作用有利于工件的稳定，并且由它们的作用产生的摩擦力矩可以平衡一部分钻削转矩。这样，为防止工件转动所需的夹紧力 W 就可以很小。如果切削力 F 和工件重力 G 与夹紧力 W 方向不一致，则为使工件不产生移动所需的夹紧力 W 要大得多。

在实际生产中，经常会遇到如图 3-18 所示的情况。加工时，作用于工件的切削分力有使工件水平移动和抬起的趋势。这时，夹紧力与重力、切削力的方向互相垂直，而且夹紧力不直接朝向主要定位基准面。此时，必须依靠夹紧力和工件重力所产生的摩擦力来平衡切削力。因此，所需的夹紧力将远远大于切削力。在这种情况下，为了减小夹紧力，可以在切削分力的方向设置止推定位元件来承受切削力。从定位角度看，止推定位元件是多余的。但从夹紧的角度看，它可以有效减小夹紧力，因而是必要的。另外，应使夹紧力的两个分力分别朝向工件的主要定位基准面和导向定位基准面。

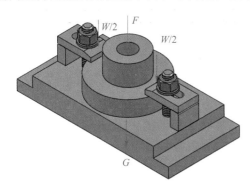

图 3-17 夹紧力、切削力、工件重力同向

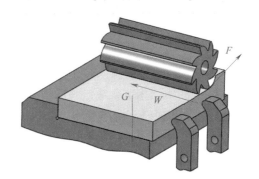

图 3-18 夹紧力与重力、切削力垂直

2. 夹紧力作用点的选择

在选择夹紧力作用点位置时，应主要考虑的问题包括：如何保证夹紧时不会破坏工件在

定位时所获得的位置？如何使夹紧时引起的工件变形最小？一般来说，选择夹紧力作用点时应遵循的原则如下：

（1）夹紧力应落在支承元件上或落在几个支承件所形成的支承面内

如将夹紧力落在支承件范围以外，则夹紧力和支承反力构成的力偶将使工件倾斜或移动，破坏工件的定位，如图 3-19a 所示。如图 3-19b 所示，则是夹紧力作用点的正确选择。

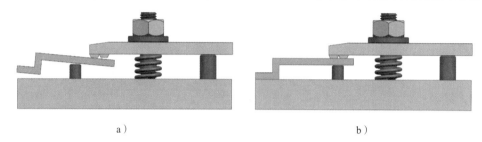

图 3-19 夹紧力作用点的选择
a）错误　b）正确

夹紧力的作用点靠近支承面的几何中心，可使夹紧力均匀地分布在定位基准面和定位元件的整个接触面上。

（2）夹紧力应落在工件刚度较高的部位上

一般来说，工件在不同方向或不同部位上的刚度是不同的，故夹紧力应施加于工件刚度较高的部位，以减小工件的夹紧变形，这对刚度较低的工件尤为重要。例如，图 3-20a 所示选择夹紧力的作用点时，会使工件产生较大的变形；图 3-20b 所示将夹紧力作用点改在两侧较厚的凸缘处，即作用在工件刚度较高的部位，夹紧变形就很小。

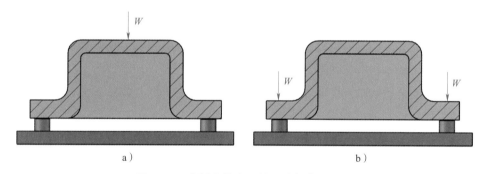

图 3-20 夹紧力落在工件刚度较高的部位
a）错误　b）正确

在实际生产中，还可采取适当的结构措施增大夹紧力的作用面，使夹紧力均匀地分散作用在工件上，以减小工件的夹紧变形。例如，采用具有较大弧面的夹爪防止薄壁套筒变形；采用压脚增加螺旋夹紧机构的作用面积，以减小工件局部夹紧变形。

（3）夹紧力应靠近加工表面

夹紧力的作用点靠近加工表面，可以使切削力对此夹紧点的力矩较小，防止或减小工件的振动。当夹紧力的作用点不能满足此要求时，则应采取一定的措施。如图 3-21 所示，夹紧力 W_1 作用在工件主要定位基准面上，远离加工表面。此时，应增加附加夹紧力 W_2，并在 W_2 的作用点下方增设辅助支承以承受夹紧力，提高加工部位的刚度。

3. 夹紧力大小的计算

夹紧力的大小对于确定夹紧装置的结构尺寸、保证工件定位稳定和夹紧可靠性等有很大影响。夹紧力过大没有必要，过小则可能夹不紧工件。

夹紧力大小的计算是比较复杂的问题，一般只能粗略地估算。计算夹紧力时，为了简化，通常将夹具和工件看成一个刚性系统，并且只考虑切削力和切削力矩对夹紧的影响（大工件还应考虑重力，运动的工件还应考虑惯性力）。然后根据工件受切削力、夹紧力后处于静力平衡的条件计算出理论夹紧力。安全起见，再乘以安全系数作为实际所需的夹紧力数值，即 $W = KW'$。其中，W

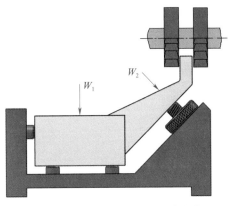

图 3-21 增加附加夹紧力与辅助支承

为实际所需的夹紧力，W' 为理论夹紧力，安全系数 K 通常为 $1.5 \sim 3$。用于粗加工时，一般取 $K = 2.5 \sim 3$；用于精加工时，一般取 $K = 1.5 \sim 2$。

需要说明的是，除上述估算法外，通常还采用类比法。所谓类比法，即根据工件的具体加工要求，包括切削用量大小、切削负荷的轻重、生产率的高低、刀具应用情况、装夹条件等，与生产部门现有生产中相类似切削条件的夹紧装置的应用情况进行比较，大致确定所需夹紧装置的主要规格，如螺纹直径、杠杆的比例长度、压板的厚度、气缸和液压缸的缸径等参数。若有必要，还可以通过实际切削试验进一步验证夹紧力是否够用。在一般生产条件下，类比法可以很快地确定夹紧方案，而不需要进行烦琐的计算。

任务实施

根据任务要求，下面进行斜楔夹紧机构夹紧力的计算。

如图 3-22 所示为斜楔夹紧的受力情况，斜楔在原始力 Q 的作用下所产生的夹紧力 W 可按斜楔受力的平衡条件求出。

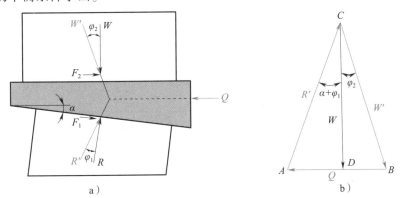

图 3-22 斜楔夹紧的受力情况

取斜楔为平衡体，它受到以下各力的作用：原始作用力 Q、工件的反作用力 W（等于斜楔给工件的夹紧力，但方向相反）、夹具体的反作用力 R；在夹紧过程中斜楔做楔入运动，在斜楔与夹具体和工件接触的滑动面上还有 R 及 W 产生的摩擦力 F_1 和 F_2。

设 W 与 F_2 的合力为 W'，R 与 F_1 的合力为 R'。则 R 与 R' 的夹角即为夹具体与斜楔之间的摩擦角 φ_1，W 与 W' 的夹角即为工件与斜楔之间的摩擦角 φ_2。

由静力平衡条件可知，夹紧时 Q、W' 与 R' 三力处于平衡状态，故三力应构成力封闭三角形 $\triangle ABC$，如图 3-22b 所示。从图中可见：

$$Q = AD + DB = W\tan(\alpha+\varphi_1) + W\tan\varphi_2 = W[\tan(\alpha+\varphi_1) + \tan\varphi_2]$$

故

$$W = \frac{Q}{\tan(\alpha+\varphi_1) + \tan\varphi_2}$$

当所有摩擦面的摩擦因数相等，即 $\varphi_1 = \varphi_2 = \varphi$，且 α 与 φ 均很小时，可用下式做近似计算：$W = \dfrac{Q}{\tan(\alpha+2\varphi)}$。采用上述近似计算式，当 $\alpha \leqslant 11°$，摩擦因数 $f \leqslant 0.15$ 时，其误差不超过 7%。

✿❀ 知识链接

螺旋夹紧机构和偏心夹紧机构夹紧力的计算

作为将力源的作用力转化为夹紧力的夹紧机构，是夹紧装置的重要组成部分。在夹具的各种夹紧机构中，斜楔、螺旋机构、偏心机构、铰链以及由它们组合而成的各种机构应用最为普遍。以下介绍螺旋夹紧机构和偏心夹紧机构夹紧力的计算。

1. 螺旋夹紧机构夹紧力的计算

螺旋夹紧机构中的螺纹，从原理上讲是斜楔的变形，所以，斜楔夹紧机构夹紧力计算公式同样适用于螺纹部分的受力分析与计算。如图 3-23 所示为螺杆与螺母间的受力状况，螺母固定不动，原始作用力 Q 施加在螺杆的手柄上，形成扭转螺杆的主动力矩 QL，F_1 为螺母的螺纹部对螺杆转动的摩擦阻力，它分布在整个接触螺纹部的螺旋面上，为计算方便，可把它视为集中在螺纹中径 d_0 处圆周上，形成螺母螺纹部的摩擦阻力矩：

$$F_1 \times d_0/2 = W \times \tan(\alpha+\varphi_1) \times d_0/2$$

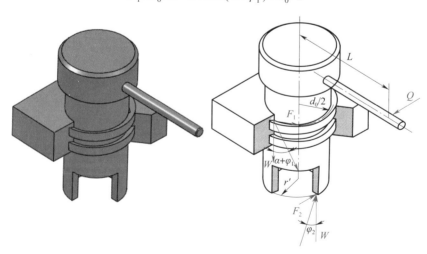

图 3-23　螺旋夹紧机构受力分析

另外，在螺杆压向工件的端面处，还有工件表面施加给螺杆的端面摩擦阻力矩：

$$F_2 \times r' = W \times \tan\varphi_2 \times r'$$

螺杆在这三个力矩作用下平衡，因此有：

$$QL = F_1 \times d_0/2 + F_2 \times r'$$

故

$$W = \frac{2QL}{d_0 \times \tan(\alpha+\varphi_1) + 2r' \times \tan\varphi_2}$$

当螺杆端部采用球端结构压向工件，或采用球端压块结构时，r' 等于零，上式可简化为：

$$W = \frac{2QL}{d_0 \times \tan(\alpha+\varphi_1)}$$

2. 偏心夹紧机构夹紧力的计算

圆偏心轮相当于一个曲线楔。由于圆偏心轮上各点升角不同，因此其上各点的夹紧力也不相同，夹紧力随圆偏心轮的回转角而变化。如图 3-24 所示为圆偏心轮夹紧机构受力分析，设圆偏心轮手柄上作用有原始力矩 $M = QL$，在 M 的作用下，于圆偏心轮的任一夹紧接触点 X 处产生一夹紧力矩 $M' = Q'\rho$ 与之平衡，即 $QL = Q'\rho$。

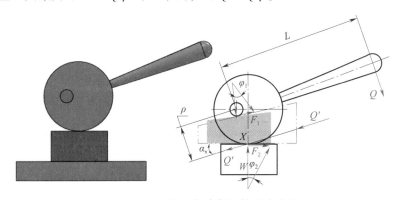

图 3-24　圆偏心轮夹紧机构受力分析

为简化计算，可把这时圆偏心轮的夹紧作用看作在基圆（或圆偏心轮回转轴）与夹紧接触点 X 之间楔入一个楔角等于圆偏心轮在该点升角 α_x 的斜楔。因此，力 Q' 的水平分力 $Q'\cos\alpha_x$ 即为作用于假想斜楔大端的原始作用力。因为升角 α_x 很小，可以认为 $Q'\cos\alpha_x \approx Q'$。

根据斜楔夹紧原理，可得圆偏心轮夹紧所产生的夹紧力：

$$W = \frac{Q'}{\tan(\alpha_x+\varphi_1) + \tan\varphi_2} = \frac{QL}{\rho[\tan(\alpha_x+\varphi_1) + \tan\varphi_2]}$$

当 $\alpha_x = \alpha_{\max}$ 时，夹紧力最小，故一般只需校验该夹紧点的夹紧力即可。

思考与练习 ▶▶

1. 如何提高螺旋夹紧机构的效率？

2. 斜楔夹紧时，有效夹紧力与主动力是什么关系？

夹具体及夹具的对定

夹具体是将夹具上的各种装置和元件连接成一个整体的最大、最复杂的基础件，夹具体的结构取决于夹具上各种机构的布置及夹具与机床的连接方式。另外，前面介绍的工件定位只是确定了工件相对于夹具的位置，而工件相对于刀具及切削成形运动的位置还需要通过夹具的对定来实现。

任务一　认识夹具体

知识点：
◎ 对夹具体的设计要求。
◎ 夹具体的毛坯类型。
◎ 夹具体常用结构。

能力点：
◎ 能分析比对夹具体设计方案。

任务提出

夹具体是夹具的基础元件，其基面与机床连接，其他工作表面则装配各种元件和装置，以组成整个夹具。如图 4-1 所示为钢套孔加工钻床夹具，试分析比对其夹具体设计方案。

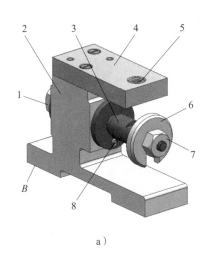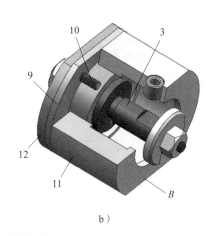

图 4-1 钢套孔加工钻床夹具

a）铸造夹具体 b）型材夹具体

1—锁紧螺母 2—铸造夹具体 3—定位心轴 4—钻模板 5—固定钻套 6—开口垫圈
7—夹紧螺母 8—防转销 9—调整垫圈 10—螺钉 11—套 12—盘

任务分析

在机床夹具的设计过程中，夹具体设计的成功与否起着重要作用。在加工过程中，夹具体要承受工件重力、夹紧力、切削力、惯性力和振动力的作用，所以，夹具体应具有足够的强度、刚度和抗振性，以保证工件的加工精度。

知识准备

1. 对夹具体的设计要求

（1）有适当的精度和尺寸稳定性

夹具体上的重要表面，如安装定位元件的表面、安装对刀或导向元件的表面以及夹具体的安装基面（与机床相连接的表面）等，应有适当的尺寸精度和形状精度，它们之间应有适当的位置精度。

为使夹具体尺寸稳定，铸造夹具体要进行时效处理，焊接和锻造夹具体要进行退火。

（2）有足够的强度和刚度

在加工过程中，夹具体要求承受较大的切削力和夹紧力。为保证夹具体所产生的变形和振动在允许范围内，它应有足够的强度和刚度。因此，夹具体需有一定的壁厚，如铸造和焊接夹具体常设置加强肋，或在不影响工件装卸的情况下采用框架式夹具体。

（3）有良好的结构工艺性

夹具体应便于制造、装配和检验。铸造夹具体上安装各种元件的表面应铸出凸台，以减少加工面积。夹具体毛坯面与工件之间应留有足够的间隙，一般为 4~15 mm。夹具体结构形式应便于工件的装卸，如图 4-2 所示。

（4）排屑方便

排屑多时，夹具体上应考虑设置排屑结构。图 4-3a 所示为在夹具体上开设排屑槽；图 4-3b 所示为在夹具体下部设置排屑斜面，斜角可取 30°~50°。

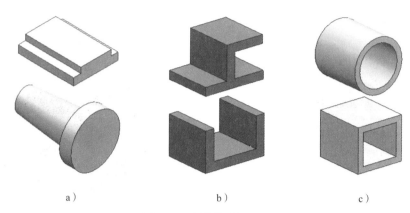

a)　　　　　　　　　　　b)　　　　　　　　　　　c)

图 4-2　夹具体结构形式
a）开式结构　b）半开式结构　c）框架式结构

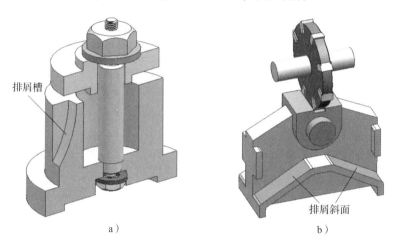

排屑槽

排屑斜面

a)　　　　　　　　　　　　　　　　b)

图 4-3　夹具体上设置排屑结构

（5）在机床上安装稳定可靠

夹具在机床上的安装都是通过夹具体上的安装基面与机床上相应表面的接触或配合实现的。当夹具在机床工作台上安装时，夹具的重心应尽量低，重心越高则支承面应越大；当夹具在机床主轴上安装时，夹具安装基面与主轴相应表面应有较高的配合精度，并保证夹具体安装稳定可靠。

2. 夹具体毛坯的类型

（1）铸造夹具体

如图 4-4a 所示，铸造夹具体的优点是工艺性好，可铸出各种复杂的形状，具有良好的抗压强度、刚度和抗振性，目前应用较多。但铸造夹具体生产周期长，需要进行时效处理，以消除内应力。常用材料为灰铸铁（如 HT200），要求强度高时可用铸钢（如 ZG270-500），要求质量小时则用铸铝（如 ZL104）。

（2）焊接夹具体

如图 4-4b 所示，焊接夹具体由钢板、型材焊接而成，这种夹具体制造方便，生产周期短，成本低，质量较轻（壁厚小于铸造夹具体）。但焊接夹具体的热应力较大，易变形，因此，需进行退火，以保证夹具体尺寸的稳定性。

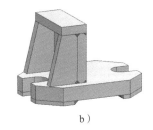

图 4-4 夹具体毛坯类型
a) 铸造夹具体 b) 焊接夹具体 c) 锻造夹具体

（3）锻造夹具体

如图 4-4c 所示，锻造夹具体适用于形状简单、尺寸不大、要求强度和刚度高的场合，锻造后也需进行退火。此类夹具体应用较少。

（4）型材夹具体

小型夹具体可以直接用板料、棒料、管料等型材加工后装配而成。这类夹具体取材方便，生产周期短，成本低，质量较轻。

（5）装配夹具体

如图 4-5 所示，装配夹具体由标准的毛坯件、零件及个别非标准件通过螺钉、销钉连接及组装而成。其中的标准件由专业厂家生产。此类夹具体有制造成本低、周期短、精度稳定等优点，有利于实现标准化和系列化，也便于夹具的计算机辅助设计。

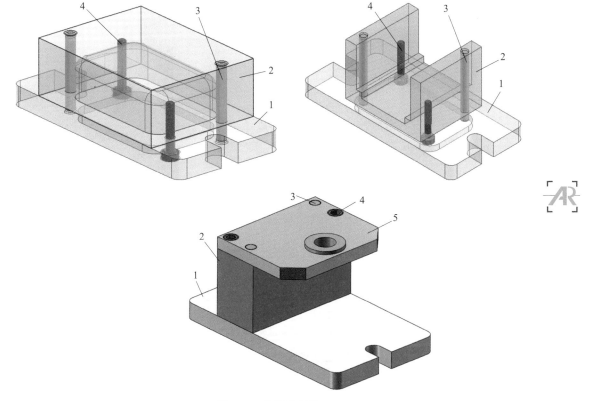

图 4-5 装配夹具体
1—底座 2—支承件 3—销钉 4—螺钉 5—钻模板

3. 夹具体常用结构

夹具体有着较强的专用性，结构变化较多，就最常用的铸造夹具体而言，其毛坯按形态和使用功能的不同，可分为底座基体、角铁基体、槽铁基体、过渡盘、支架体和支座体等。

（1）底座基体

底座基体的典型结构主要有平板基体和箱形基体两大类，如图 4-6 所示。

图 4-6　底座基体
a）平板基体　b）箱形基体

底座基体结构非常简单；箱形基体与平板基体的区别在于在基体的底面增设了多个矩形槽，以减小质量并保证有足够的刚度。

（2）角铁基体

角铁基体的典型结构主要有普通角铁基体、肋板角铁基体和 T 形角铁基体三大类，如图 4-7 所示。

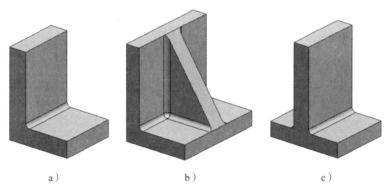

图 4-7　角铁基体
a）普通角铁基体　b）肋板角铁基体　c）T 形角铁基体

普通角铁基体为 L 形结构；T 形角铁基体是普通角铁基体的一种变化形式；肋板角铁基体则在基体折弯处添加一块或两块肋板而形成。

（3）槽铁基体

槽铁基体的典型结构主要有普通槽铁基体、肋板槽铁基体和框架基体三大类，如图 4-8 所示。

普通槽铁基体为 C 形结构；肋板槽铁基体则在普通槽铁基体的刚度薄弱处添加了肋板；框架基体刚度最高。

（4）过渡盘

过渡盘主要用作车床夹具的基体，通常与车床主轴或卡盘连接。过渡盘有圆盘和法兰盘

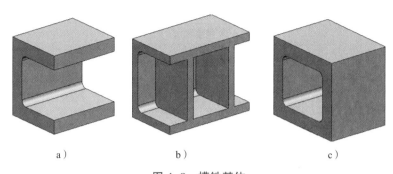

图 4-8　槽铁基体
a）普通槽铁基体　b）肋板槽铁基体　c）框架基体

两种形式，如图 4-9 所示。

（5）支架体和支座体

支架体和支座体应用较为广泛，种类和形状多样，其典型结构如图 4-10 所示。

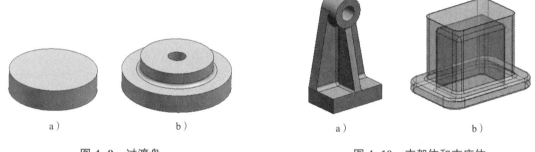

图 4-9　过渡盘
a）圆盘　b）法兰盘

图 4-10　支架体和支座体
a）支架体　b）支座体

支架体常用于钻削夹具和镗削夹具中定位刀具或刀杆，以保证对准加工孔的回转中心；支座体则主要用于安装及固定工件和其他夹具元件。

任务实施

如图 4-1a 所示钢套孔钻床夹具采用铸造夹具体。定位心轴及钻模板均安装在夹具体上，夹具体上的 *B* 面作为安装基面。此方案结构紧凑，安装稳定，刚度高，但制造周期较长，成本略高。

如图 4-1b 所示钢套孔钻床夹具采用型材夹具体。夹具体由盘及套组成，定位心轴安装在盘上，套下部为安装基面，上部兼作钻模板。此方案的夹具体为框架式结构。采用此方案的钻模刚度高，质量较轻，取材容易，制造方便，制造周期短，成本较低。

知识链接

夹具体的技术要求

夹具体与各元件配合表面的尺寸精度和配合精度通常都较高，夹具元件间常用的配合选择见表 4-1。

表 4-1 夹具元件间常用的配合选择

工作形式	精度要求		示例
	一般精度	较高精度	
定位元件与工件定位基准之间	H7/h6、H7/g6、H7/f7	H6/h5、H6/g5、H6/f5	定位销与工件定位孔
有引导作用，并有相对运动的元件之间	H7/h6、 H7/g6、 H7/f7、G7/h6、F7/h6	H6/h5、 H6/g5、 H6/f6、G6/h5、F6/h5	滑动定位元件、刀具与导套
无引导作用，但有相对运动的元件之间	H7/f9、H9/d9	H7/d8	滑动夹具底板
无相对运动的元件之间	无紧固件：H7/n6、H7/p6、H7/r6、H7/s6、H7/u6、H8/t7	无紧固件：H7/n6、H7/p6、H7/r6、H7/s6、H7/u6、H8/t7	固定支承钉定位
	有紧固件：H7/m6、H7/k6、H7/js6、H7/m7、H8/k7	有紧固件：H7/m6、H7/k6、H7/js6、H7/m7、H8/k7	

有时为了使夹具在机床上找正方便，常在夹具体侧面或圆周上加工出一个专用于找正的基面，用于代替对元件定位基面的直接测量，这时对该找正基面与定位基面之间必须有严格的位置精度要求。

思考与练习 ▷▷

1. 对夹具体的设计要求有哪些？
2. 夹具体毛坯的类型有哪些？

任务二 **夹具的定位和对刀**

知识点：

◎ 夹具的定位。

◎ 夹具的对刀。

能力点：

◎ 熟悉夹具的对定方法。

任务提出

夹具的对定是指使夹具与机床连接及配合时所使用的夹具定位表面相对刀具及切削成形

运动处于理想位置的过程。通常情况下，铣床夹具和钻床夹具是如何实现对定的呢?

任务分析

夹具的对定包括三个方面：一是夹具的定位，即通过夹具定位表面与机床配合及连接，确定夹具相对于机床完成的切削成形运动的位置；二是夹具的对刀或刀具的导向，即确定夹具相对于刀具的位置；三是分度定位，即在分度或转位夹具中，确定各加工面间的相互位置关系。

知识准备

1. 夹具的定位

夹具的定位是指夹具在机床上的定位。如图 4-11 所示为套筒工件铣键槽夹具在机床上的定位。为保证加工出的键槽在垂直和水平面内与工件素线平行的要求，夹具在机床上定位时，需要保证 V 形块对称中心线与切削成形运动（即铣床工作台的纵向进给运动）平行。

夹具定位的关键是要解决好夹具与机床的连接及配合问题，以及相关表面的位置要求。

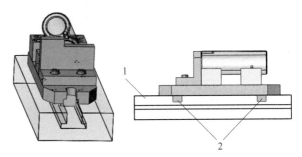

图 4-11 套筒工件铣键槽夹具在机床上的定位
1—工作台 2—定向键

（1）夹具与机床的连接

夹具通过连接元件在机床上定位与连接。用于各类机床的连接元件各不相同，但基本上可分为两种：一种用于安装在机床的平面工作台上（如铣床夹具、刨床夹具、钻床夹具、镗床夹具和平面磨床夹具等）；另一种用于安装在机床的回转主轴上（如车床夹具、内圆和外圆磨床夹具等）。

1）夹具与工作台的连接

在机床的工作台上，夹具通常以夹具体的底平面为定位面在机床上定位。为了保证底平面与工作台面有良好的接触，对于较大的底平面应采用周边接触（见图 4-12a）、两端接触（见图 4-12b）或四角接触（见图 4-12c）等形式，并保证在一次加工中完成，并应有一定的加工精度要求。

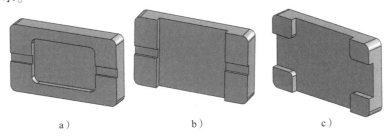

a) b) c)

图 4-12 夹具体底平面的结构形式
a）周边接触 b）两端接触 c）四角接触

铣床夹具除夹具体底平面外，通常还通过定位键与铣床工作台的T形槽配合，以确定夹具在机床工作台上的方向。定位键安装在夹具体底面的纵向槽中，用沉头螺钉固定，一般设置两个，其距离尽可能布置得远些。如图4-13所示为定位键连接。

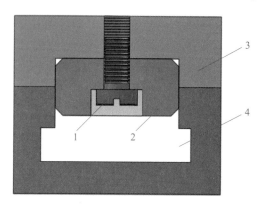

图4-13　定位键连接
1—沉头螺钉　2—定位键　3—夹具体　4—T形槽

定位键已标准化，标准定位键的结构如图4-14所示，标准代号为JB/T 8016—1999（具体型号及规格见附表17）。

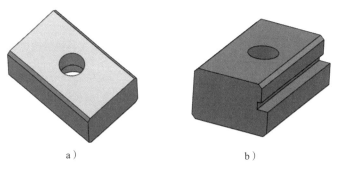

a)　　　　　　　　　　　　　　　　b)

图4-14　标准定位键的结构
a) A型　b) B型

定位键的具体结构分为A、B两种类型。A型键为单一工作尺寸型，即它是靠同一个键宽，同时与夹具体导向槽和工作台T形槽构成配合关系，当工作台T形槽质量不一时，将会影响夹具的导向精度。一般情况下，键与夹具体导向槽形成H7/h6的配合，或者可采用JS6/h6的配合；而工作台T形槽均为基准孔公差带H，故A型键与工作台T形槽多为间隙配合，定位精度较低。一般情况下多采取单向接触安装法，即夹具安装紧固时，令双键靠向T形槽的同一侧面，以消除对定间隙，提高夹具的对定精度。B型键把上、下两部分配合作用尺寸分开，中间设置成2 mm空刀槽，上半部键宽与夹具体导向槽保持H7/h6或者JS6/h6配合，下半部键宽与工作台T形槽的配合部位留有0.5 mm的配研磨量，将按T形槽的具体尺寸来配作，故对定精度较高。

由于定位键固定在夹具体底面上，给存放、搬运带来不便，且键容易被碰伤而降低对定精度，因此可采用如图4-15所示固定在机床工作台上的定向键。

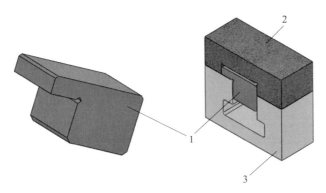

图 4-15 固定在机床工作台上的定向键

1—定向键 2—夹具体 3—铣床工作台

定向键不同于定位键，它依靠较深的下配合部位镶嵌在机床工作台 T 形槽内，上半部与夹具体导向槽形成间隙配合。因此，定向键是设置在机床工作台上使用的，夹具体上不再设置其他导向对定元件。定向键的作用是为夹具体提供定向依据，保证夹具体的安装方向。定向键已标准化，其推荐标准代号为 JB/T 8017—1999（见附表 18）。

2）夹具与机床回转主轴的连接

夹具在机床回转主轴上的连接方式取决于主轴端部的结构形式。常见的连接形式如图 4-16 所示。

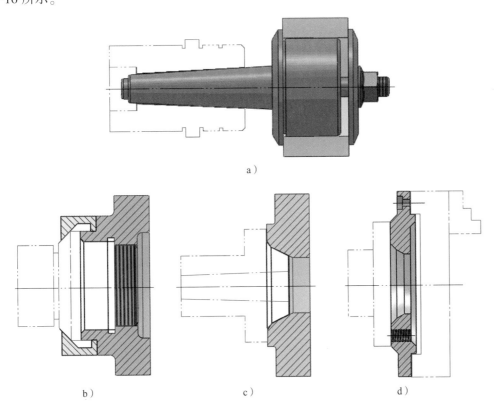

图 4-16 夹具与机床回转主轴的连接形式

a）定心锥柄连接 b）平面短销对定连接 c）平面短锥销对定连接 d）过渡盘连接

图 4-16a 所示为定心锥柄连接，夹具以长锥柄安装于机床主轴锥孔内，实现同轴连接。根据机床主轴锥孔结构（一般多采用 3 号至 6 号莫氏锥孔，锥孔大端尺寸范围为 23～63 mm），相应的夹具锥柄也为莫氏锥柄，与主轴内孔实现无间隙配合，故定心精度较高。这种结构对定准确，安装迅速、方便，应用较广泛。莫氏锥柄虽属自锁性强制传动圆锥，但考虑切削力的变化和振动等情况，一般还是在锥柄尾部设有拉紧螺杆孔，用拉紧螺杆对锥柄连接进行防松保护。由于莫氏锥柄一般轴向长度较大，直径较小，故刚度较低，一般只用于夹具径向尺寸小于 140 mm 的场合。安装于大、中型机床主轴上的夹具，根据主轴锥孔的尺寸，经常采用锥度为 1∶20 且大端直径尺寸为 80～200 mm 的米制圆锥。

图 4-16b 所示为平面短销对定连接，夹具以端面和短圆柱孔在主轴上定位，依靠螺纹结构与主轴紧固连接，并用两个压块防止倒车松动。这种结构的夹具定位孔与主轴定位轴颈一般采用 H7/h6 或 H7/js6 配合。这种连接方式制造容易，连接刚度较高，但因配合有间隙，定心精度稍低，适用于大载荷场合。

图 4-16c 所示为平面短锥销对定连接，夹具以短圆锥孔和端面在主轴上定位，另用螺钉紧固。这种连接方式因定位面间没有间隙而具有较高的定心精度，并且连接刚度较高。这类结构多半要求两者在适量弹性变形（0.05 mm 左右）的预紧状态下完成安装。需要指出的是，夹具通过短锥孔及端面组合定位，为典型的重复定位结构。要同时保证锥面和端面都很好接触，制造比较困难。

图 4-16d 所示为过渡盘连接。过渡盘的一面利用短锥孔、端面组合定位结构与所使用机床的主轴端部对定连接，另一端与夹具连接，通常采用平面（端面）短销定位形式。过渡盘已标准化，三爪自定心卡盘用过渡盘标准代号为 JB/T 10126.1—1999，四爪单动卡盘用过渡盘标准代号为 JB/T 10126.2—1999。

（2）元件定位面对夹具定位面的位置要求

设计夹具时，元件定位面对夹具定位面的位置要求应标注在夹具装配图上，或以文字注明，作为夹具验收标准。例如，在图 1-1 所示的套筒工件铣键槽夹具中，应标注定位元件 V 形块中心（以标准心棒的中心为代表）对底面和定向键中心的平行度要求（如 0.02 mm/100 mm）。常见元件定位面对夹具定位面的标注说明见表 4-2。

表 4-2　　　　　　　　　　　常见元件定位面对夹具定位面的标注说明

定位方式	标注说明
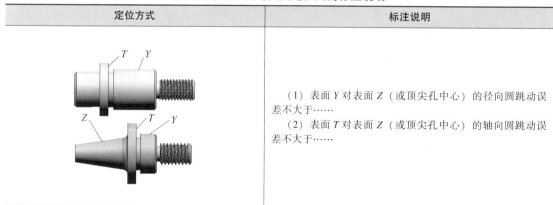	（1）表面 Y 对表面 Z（或顶尖孔中心）的径向圆跳动误差不大于…… （2）表面 T 对表面 Z（或顶尖孔中心）的轴向圆跳动误差不大于……

续表

定位方式	标注说明
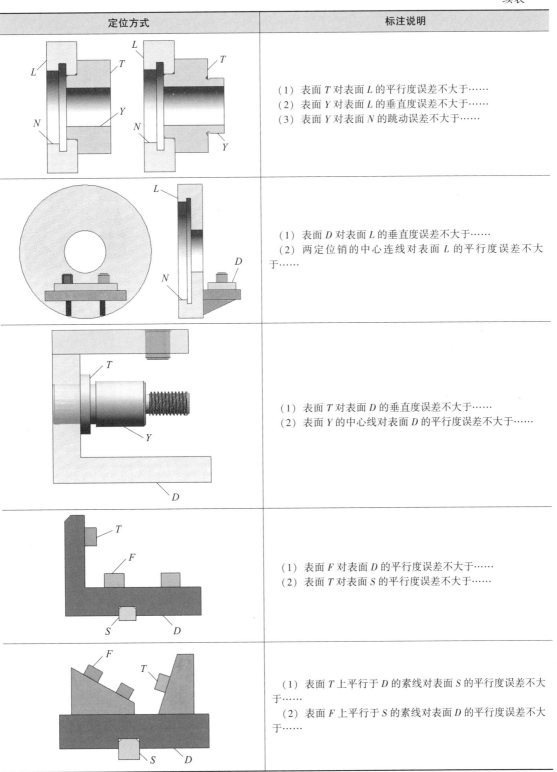	（1）表面 T 对表面 L 的平行度误差不大于…… （2）表面 Y 对表面 L 的垂直度误差不大于…… （3）表面 Y 对表面 N 的跳动误差不大于……
	（1）表面 D 对表面 L 的垂直度误差不大于…… （2）两定位销的中心连线对表面 L 的平行度误差不大于……
	（1）表面 T 对表面 D 的垂直度误差不大于…… （2）表面 Y 的中心线对表面 D 的平行度误差不大于……
	（1）表面 F 对表面 D 的平行度误差不大于…… （2）表面 T 对表面 S 的平行度误差不大于……
	（1）表面 T 上平行于 D 的素线对表面 S 的平行度误差不大于…… （2）表面 F 上平行于 S 的素线对表面 D 的平行度误差不大于……

一般情况下，夹具的对定误差应小于工序尺寸公差的 1/3，但对定误差中还包括对刀误

差等，所以，夹具的定位误差取工序尺寸公差的 1/6~1/3 即可。

2. 夹具的对刀

夹具在机床上安装完毕，在进行加工前，一般需要调整刀具相对于夹具定位元件的位置关系，以保证刀具相对于工件处于正确位置，这个过程称为夹具的对刀。

（1）对刀方法

1）铣床夹具的对刀

就铣床夹具而言，通常采用对刀装置进行对刀。从结构上看，对刀装置主要由基座、专用对刀块和塞尺组成，如图 4-17a 所示。

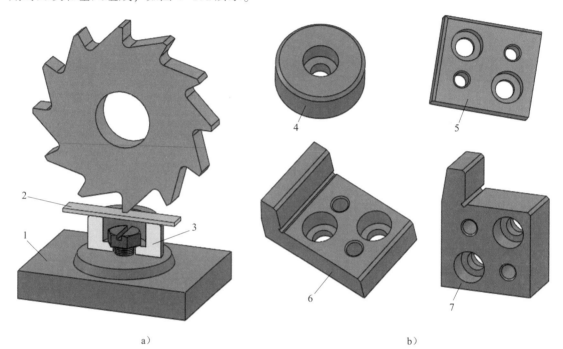

a)　　　　　　　　　　　　　　　b)

图 4-17　铣床夹具的对刀装置和标准对刀块
a）对刀装置　b）标准对刀块
1—基座　2—塞尺　3—对刀块　4—圆形对刀块　5—方形对刀块　6—直角对刀块　7—侧装对刀块

在夹具制造时已经保证对刀块与定位元件定位面的相对位置要求，因此，只要将刀具调整到离对刀块工作表面一定的距离 S，并通过塞进相应厚度的塞尺以确定刀具的最终位置。使用塞尺是为了避免刀具与对刀块直接接触而碰伤两者表面，同时也便于控制接触情况，保证尺寸精度。

通常，可根据具体情况直接采用标准对刀块，如图 4-17b 所示，也可以另行设计。对刀块用销钉和螺钉紧固在夹具体上，其位置应便于使用塞尺对刀，并不妨碍工件的装卸。对刀块的工作表面与定位元件的位置尺寸要求应以定位元件定位面或其对称中心为基准进行标注，取工序尺寸的平均尺寸为标注的公称尺寸。

如图 4-18 所示为常用塞尺。图 4-18a 为平塞尺，厚度 a 常用 1 mm、2 mm、3 mm；图 4-18b 为圆柱塞尺，多用于成形铣刀对刀，直径 d 常用 3 mm、5 mm。两种塞尺的尺寸均按 h6 精度制造。对刀块和塞尺常用 T7A 钢制造，对刀块淬火后硬度为 55~60HRC，塞尺淬火后硬度为 60~64HRC。

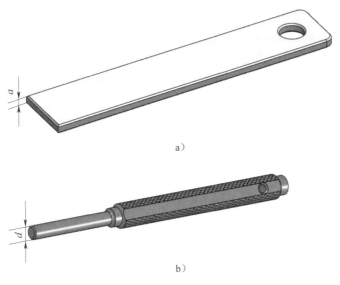

图 4-18 常用塞尺
a）平塞尺 b）圆柱塞尺

采用对刀装置对刀，由于增加了用塞尺调整刀具位置的调整误差，以及定位元件定位面相对于对刀块工作表面的位置误差，工件加工精度应不高于 IT8 级。

2）钻床夹具的对刀

就钻床夹具而言，通常采用钻套实现对刀。钻削时，只要钻头对准钻套中心，钻出孔的位置就能达到工序要求。通过钻套引导刀具进行加工是钻床夹具的主要特点。钻套按其结构可分为固定钻套、可换钻套、快换钻套和特殊钻套四种形式。

①固定钻套

如图 4-19 所示为固定钻套的两种结构形式，图 4-19a 为无肩式钻套，图 4-19b 为带肩

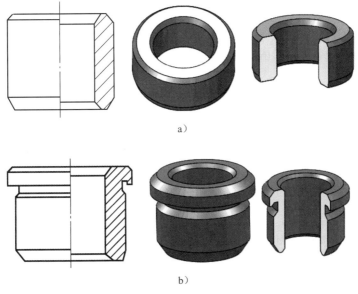

图 4-19 固定钻套
a）无肩式 b）带肩式

式钻套。带肩式钻套主要用于钻模板较薄时，以保持必需的引导长度。肩部还可以防止钻模板上的切屑和不洁净的切削液落入钻套中。固定钻套通常以 H7/n6 或 H7/r6 配合直接压入钻模板或夹具体的孔中，因此磨损后不易更换。固定钻套主要用于中、小批量生产中的钻孔工序，或孔距要求较高的钻模板及孔间距较小、结构紧凑的钻模板。为防止带状切屑卷入钻套中，固定钻套的下端应稍超出钻模板。

②可换钻套

可换钻套（见图4-20）可以克服固定钻套磨损后不易更换的缺点。在结构上，其肩部铣有台阶，供钻套螺钉头压紧此台阶，防止在加工过程中因钻头与钻套内孔的摩擦而使钻套发生转动，或退刀时钻套随刀具退出。拧掉螺钉，便可取出可换钻套。

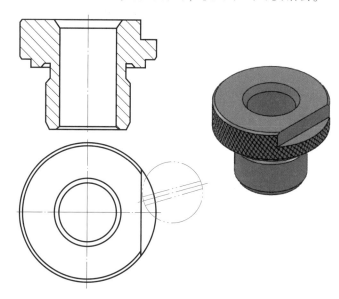

图 4-20　可换钻套

在可换钻套和钻模板之间应专门配装一个衬套，这样即可避免更换钻套时损坏钻模板。可换钻套与衬套之间常采用 H6/g5 或 H7/g6 配合，衬套与钻模板常采用 H7/n6 或 H7/r6 配合。

可换钻套磨损后可以迅速更换，使用比较方便，适用于大批量生产中。

③快换钻套

快换钻套用于完成一道工序需连续更换刀具的场合。如同一个孔须经多个加工工步（如钻孔、扩孔、铰孔等）的情况下，由于刀具直径逐渐增大，在加工过程中须依次更换外径相同但内径不同的钻套来引导刀具。采用快换钻套可减少更换钻套的时间。

如图4-21所示的快换钻套除在其肩部铣有台阶以供钻套螺钉限制钻套转动或移动外，还铣有一削边平面。在快速更换钻套时，不需要拧下钻套螺钉，只需将快换钻套沿逆时针方向转过一个角度，使削边平面正对钻套螺钉头部，即可取出快换钻套。但应注意快换钻套肩部台阶的位置与刀具加工时的旋转方向相适应，防止钻套因受刀具的摩擦作用而转动时钻套台阶面转出钻套螺钉头部，以致退刀时钻套随刀具自行拔出。

为了防止直接磨损钻模板，快换钻套与钻模板之间应专门配装一个衬套，其配合与可换钻套相同。

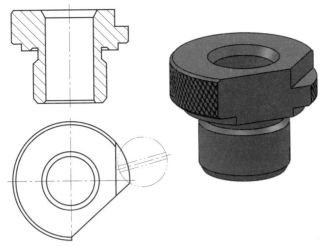

图 4-21 快换钻套

上述三种钻套都已标准化,固定钻套的标准代号为 JB/T 8045.1—1999,可换钻套的标准代号为 JB/T 8045.2—1999,快换钻套的标准代号为 JB/T 8045.3—1999。其规格可查阅附表 19~附表 21。

④特殊钻套

特殊钻套是在工件形状或加工孔位置特殊的情况下采用的钻套,这类钻套需结合具体情况自行设计。

钻套工作时直接与运动状态的刀具接触,必须有很高的硬度和很好的耐磨性。当钻套内孔直径不大于 25 mm 时,用碳素工具钢 T10A 或 T12A 制造,淬火后硬度为 60~64HRC;当钻套内孔直径大于 25 mm 时,用 20 钢制造,渗碳深度为 0.8~1.2 mm,淬火后硬度为 60~64HRC。

衬套的材料和硬度要求与钻套相同。

(2)影响因素

采用对刀装置调整刀具对夹具的相对位置方便、迅速,但其对准精度受对刀时的调整精度、元件定位面相对对刀装置的位置误差的影响。因此,在设计夹具时,应正确确定对刀块对刀表面和导套中心线的位置尺寸及其公差。

一般来说,这些位置尺寸都是以元件定位面为基准来标注的,以减少基准变换带来的误差。如图 4-22 所示为钻套位置尺寸的标注示例。

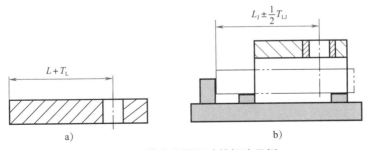

图 4-22 钻套位置尺寸的标注示例

图 4-22a 所示为工件的工序简图,图 4-22b 中钻套的中心线距定位元件定位面的距离

L_J 按工序尺寸 L 的平均值确定：$L_J = L + \dfrac{T_L}{2}$。公差 T_{LJ} 一般取相应工序尺寸公差的 $1/6 \sim 1/3$。

当工件工序图中的工序基准与定位基准不重合时，则需要把工序尺寸换算成加工面离定位基准的尺寸。

另外，当加工精度要求较高或不便于设置对刀装置时，可采用试切法、样件对刀法，或采用百分表找正刀具相对于定位元件位置的方法，而不设置对刀装置。

任务实施

1. 铣床夹具对定

作为安装在机床的工作台上的铣床夹具，通常以夹具体的底平面为定位面在机床上定位。除夹具体底平面外，通常还通过定位键与铣床工作台 T 形槽配合，以确定夹具在机床工作台上的方向。

就铣床夹具而言，通常采用对刀装置进行对刀。

2. 钻床夹具对定

就钻床夹具而言，通常采用钻套实现对刀。钻削时只要钻头对准钻套中心，钻出孔的位置就能达到工序要求。

知识链接

1. 钻套导引孔的尺寸及公差

钻套导引孔（即内孔）的尺寸及公差需根据被加工孔的尺寸精度和刀具的种类由夹具设计人员确定，具体原则如下：

（1）钻套导引孔直径的公称尺寸应等于所导引刀具的最大极限尺寸。

（2）钻套导引孔与刀具的配合应按基轴制选取，这是因为钻套导引的刀具（如钻头、扩孔钻、铰刀等）都是标准的定尺寸刀具。如果钻套不是导引刀具的切削部分，而是刀具的导向部分，也可按基孔制的相应配合选取 H7/f7、H7/g6、H6/g5。

（3）钻套导引孔与刀具之间应保证有一定的配合间隙，以防止两者卡住或发生"咬死"现象。一般根据所导引的刀具和加工精度要求来选取导引孔的公差带：钻孔和扩孔时选用 F7，粗铰时选用 G7，精铰时选用 G6。

（4）当采用《直柄和莫氏锥柄机用铰刀》（GB/T 1132—2017）的标准铰刀铰 H7 或 H9 的孔时，则不必按刀具最大尺寸来计算，可直接按孔的公称尺寸，分别选用 F7 或 E7，作为导引孔的公差带。

例 4-1 被加工孔为 $\phi16H9$，采用钻、扩、铰三个工步完成加工。具体如下：

1）先用 $\phi15.2$ mm 的标准麻花钻钻孔。

2）再用 $\phi16$ mm 的 1 号扩孔钻扩孔。

3）最后用 $\phi16H9$ 的标准铰刀铰孔。

试求各工步所用快换钻套导引孔的尺寸及公差带。

解：$\phi15.2$ mm 标准麻花钻的最大极限尺寸为 $\phi15.2$ mm，按规定取公差带 F7，故钻孔钻套导引孔尺寸及公差带为 $\phi15.2F7\left(^{+0.034}_{+0.016}\right)$。

根据《直柄和莫氏锥柄扩孔钻》（GB/T 4256—2004），$\phi16$ mm 1 号扩孔钻的尺寸为 $\phi16_{-0.25}^{-0.21}$ mm。扩孔钻的最大极限尺寸为 $\phi15.79$ mm，故扩孔钻套导引孔尺寸及公差带为 $\phi15.79F7\binom{+0.034}{+0.016}$。

铰孔选用 GB/T 1132—2017 的标准铰刀，其尺寸为 $\phi16H9$，故可决定铰孔钻套导引孔尺寸及公差带为 $\phi16E7\binom{+0.050}{+0.032}$，或按规定取为 $\phi16.026G7\binom{+0.024}{+0.006}$。

2. 钻套高度及钻套下端面与工件的距离

如图 4-23 所示，钻套高度（H_d）是指钻套导引孔的有效高度。钻套高度对刀具的导向作用和对刀具与钻套的摩擦影响很大。H_d 较大时，导向性能好，但刀具与钻套的摩擦较大。钻套高度由孔距精度、工件材料、孔加工深度、刀具刚度、工件表面形状等因素决定。具体确定原则如下：

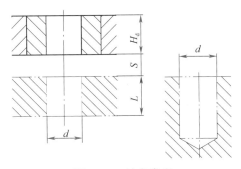

图 4-23　钻套高度

（1）钻一般螺钉孔、销钉孔，工件孔距精度要求为 ±0.25 mm 或是自由尺寸时，钻套高度 $H_d=(1.5\sim2)d$。

（2）加工 IT6、IT7 级精度、孔径在 12 mm 以上的孔或加工工件孔距精度要求为 $\pm(0.06\sim0.10)$ mm 时，钻套高度 $H_d=(2.5\sim3.5)d$。

（3）加工 IT7、IT8 级精度的孔，且孔距精度要求为 $\pm(0.10\sim0.15)$ mm 时，钻套高度 $H_d=(2\sim2.5)d$。

上述数据中，如材料强度高、钻头刚度低或在斜面上钻孔时，应取较大的值。

如图 4-23 所示，钻套下端面与工件间应留有适当的排屑空隙 S。若 S 太小，则切屑自由排出困难。特别在加工韧性材料时，切屑卷缠在刀具与工件之间，容易发生堵塞现象，不仅会损坏加工表面，还可能使刀具折断。若 S 太大，则将降低钻套导引刀具的作用，会使钻套末端的偏斜值增大，影响加工精度。所以，排屑和导引两方面对 S 值的要求是互相制约的。S 值一般可按下列经验数值选取：

加工铸铁时：$S=(0.3\sim0.6)d$。

加工钢等韧性材料时：$S=(0.5\sim1.0)d$。

当材料硬度高时，式中系数应取小值；钻头直径越低，即钻头刚度越低，式中系数取值应越大。

下列特殊情况应另行考虑：孔的位置精度要求高时，为保证良好的导引作用，不论加工何种材料，可取 $S=0$。此种情况切屑只能沿钻头螺旋槽由钻套上部排出，会加剧钻套的磨损。钻斜孔或在斜面上钻孔时，为保证起钻良好，S 应尽量取小些（如取 $S=0.3d$）。钻深孔时，一般要求排屑流畅、迅速，可取 $S = 1.5d$。

思考与练习 ▶▶

1. 夹具对定包括哪几个方面？
2. 图 1-9 所示的后盖钻孔夹具是如何实现对定的？

任务三 **夹具的分度定位**

知识点：

◎ 分度机构的类型。

◎ 回转分度机构的一般结构。

◎ 典型分度对定机构。

能力点：

◎ 能进行分度定位机构的结构分析。

任务提出

在机械加工中，一个工件上要求加工按一定角度或一定距离均匀分布且其形状和尺寸又完全相同的一组表面时，为了使工件在一次安装中完成这一组表面的加工，出现了在加工中多次重复的定位问题，通常将其称为分度定位（分度对定）。

试分析如图 4-24 所示铣床夹具的分度定位机构的结构。

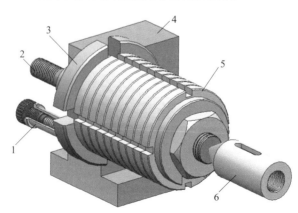

图 4-24 分度定位机构

1—对定组件 2—固定螺杆 3—长心套 4—基座 5—开口槽工件（10 件） 6—顶尖

任务分析

在夹具中，分度定位机构称为分度机构。通过分度机构可以实现一次性装夹的多工位加工，不但使加工工序集中，而且减轻操作者的劳动强度，提高生产率，因此分度定位夹具在生产中应用非常广泛。

知识准备

1. 分度机构的类型

分度机构可以分为回转分度机构和直线分度机构两大类。回转分度机构是对圆周角进行分度，又称圆分度，用于对工件表面圆周上均匀分布的孔或槽的加工；直线分度机构是对直线方向上的尺寸进行间隔距离对定，多用于对工件表面某一个方向均匀分布的孔或槽的加工。在这两类分度机构的结构原理和设计中要考虑的问题基本相同，且生产中以回转分度机构应用较多。

需要指出的是，分度机构按不同的观察角度，有着多种划分形式。如从分度定位方向看，有轴向分度和径向分度；从对定形式看，有球头对定、圆柱销对定、圆锥销对定、斜面对定等；从加工精度和操作方式看，有钢球式分度对定机构、拉销式分度对定机构、杠杆式分度对定机构、凸轮（偏心轮）式分度对定机构、枪栓式分度对定机构等。

2. 回转分度机构的一般结构

回转分度机构除应具备夹具应有的工件定位、夹紧机构外，还应具备转位分度、分度对定和转位锁紧三个基本机构，习惯上称为转位机构、分度对定机构、锁紧机构。如图4-25所示为轴瓦铣开夹具。图中定位心轴与分度盘连成一体，整个定位心轴与分度盘构成夹具的转位机构，其中套筒形工件以端面和中心线为定位基准定位，并用夹紧螺母和开口垫圈夹紧；对定销及其操作组件构成分度对定机构；锁紧螺母等则构成定位心轴的锁紧机构。

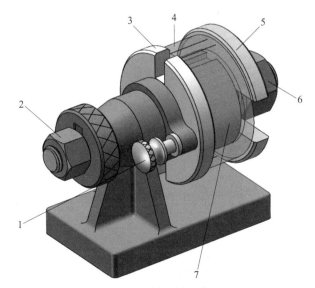

图4-25 轴瓦铣开夹具

1—对定销及其操作组件 2—锁紧螺母 3—分度盘 4—工件 5—开口垫圈 6—夹紧螺母 7—定位心轴

操作时，铣开轴瓦第一个开口后，无须卸下工件，而是松开锁紧螺母，拔出对定销，将分度盘连同夹紧的工件转过180°，再将对定销插入分度盘的另一对定孔中，拧紧锁紧螺母，将分度盘锁紧后即可铣第二个开口。加工完毕，松开夹紧螺母，取下工件。

一般来说，回转分度机构应具备以上三个基本机构。需要说明的是，由于夹具的复杂程度、具体结构不一，以上三个基本机构的具体结构、形状、原理不尽相同。

3. 典型分度对定机构

（1）钢球式分度对定机构

钢球式分度对定机构是指依靠弹簧将钢球或圆头销压入分度盘锥孔内实现对定的机构。此类分度对定方式有两种，即钢球分度对定机构和圆头销分度对定机构，如图4-26所示。

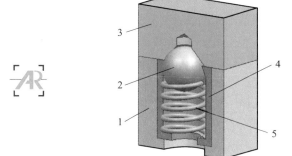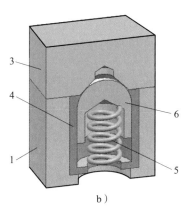

图 4-26　钢球式分度对定机构

a）钢球分度　b）圆头销分度

1—基座　2—钢球　3—分度盘　4—衬套　5—弹簧　6—圆头销

（2）拉销式分度对定机构

拉销式分度对定机构是指用手拉动圆柱销使其插入或抽出分度盘的定位孔实现对定的机构。此类分度对定机构有直向拉伸分度对定机构和旋转拉伸分度对定机构两种，如图4-27所示。

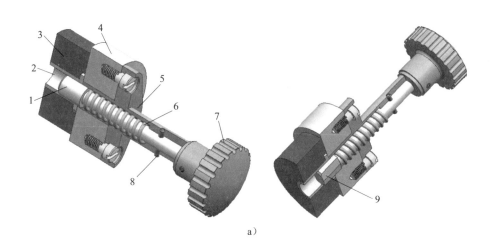

a）

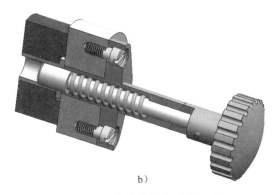

b）

图 4-27 拉销式分度对定机构

a）直向拉伸分度　b）旋转拉伸分度

1—圆柱销　2—衬套　3—分度盘　4—基座　5—销座　6—弹簧　7—拉钮　8—导向销　9—削边销

（3）杠杆式分度对定机构

杠杆式分度对定机构是指通过操纵杠杆带动定位销使其插入或抽出分度盘的定位槽（或孔）实现对定的机构。此类分度对定机构有拉动杠杆分度对定机构、压动杠杆分度对定机构和摆动杠杆分度对定机构三种方式，如图 4-28 所示。

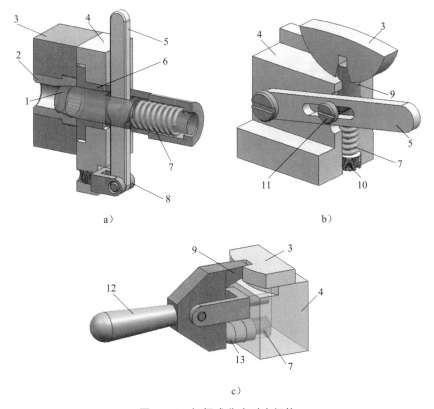

图 4-28 杠杆式分度对定机构

a）拉动杠杆分度　b）压动杠杆分度　c）摆动杠杆分度

1—圆锥销　2—衬套　3—分度盘　4—基座　5—杠杆　6—导向套　7—弹簧

8—支架　9—斜楔　10—调节螺钉　11—连接螺钉　12—操纵杆　13—顶销

（4）凸轮（偏心轮）式分度对定机构

凸轮（偏心轮）式分度对定机构是指通过操纵凸轮（偏心轮）带动定位销使其插入或抽出分度盘的定位槽（或孔）实现对定的机构。典型的分度对定方式有四种，即偏心轮分度对定机构、偏心轴销分度对定机构、斜面凸轮分度对定机构和圆缺凸轮分度对定机构，如图 4-29 所示。

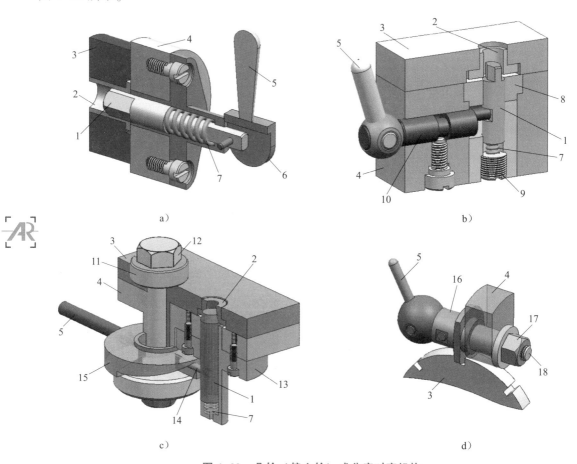

图 4-29　凸轮（偏心轮）式分度对定机构

a）偏心轮分度　b）偏心轴销分度　c）斜面凸轮分度　d）圆缺凸轮分度

1—定位销　2—衬套　3—分度盘　4—基座　5—操纵杆　6—偏心轮　7—弹簧　8—销座套　9—调节螺钉　10—偏心销轴　11—开口垫圈　12—锁紧螺栓　13—支座　14—拨销　15—凸轮　16—圆缺凸轮　17—紧固螺母　18—连接心轴

（5）枪栓式分度对定机构

枪栓式分度对定机构是指用带有螺旋槽的元件直接或间接地拉动定位销对定，或者将其插入或抽出分度盘的定位孔（或槽）实现对定的机构。其具体类型主要有两种，即直接式枪栓分度对定机构和间接式枪栓分度对定机构，如图 4-30 所示。

为简化夹具回转机构的设计及制造，生产中经常利用机床通用附件中的回转工作台承担回转任务，即把夹具和回转工作台连接在一起使用，从而缩短工艺装备的准备周期，同时也使夹具更加通用化。

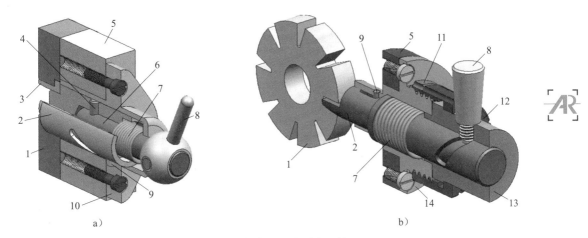

图 4-30　枪栓式分度对定机构

a）直接式枪栓分度　b）间接式枪栓分度

1—分度盘　2—定位销　3—定位衬套　4—连接销　5—基座　6—小轴　7—弹簧　8—操纵杆
9—导向销　10—支座　11—背帽　12—定位套　13—驱动套　14—固定座

任务实施

如图 4-24 所示为以内孔面定位的多件（10 件）分度铣床夹具，本工序要求加工外圆柱面上四个均布的开口槽，由于加工精度要求不高，方便定位和夹紧即可。

1. 工件定位

根据定位要求，选择已加工内孔作为主要定位基准，端面作为辅助定位基准，消除 5 个自由度。该夹具采用长心套作为定位元件，如图 4-31 所示。

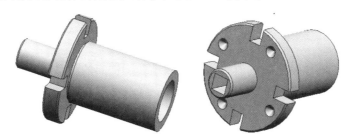

图 4-31　长心套

2. 分度定位

该夹具可以对工件上四个开口槽进行加工，每完成一个工位开口槽的铣削工作后，需将工件旋转 90°再加工下一个开口槽，故设置了分度机构。由于四个开口槽的加工精度要求不高，为简化结构，采用了四等分球面销对定机构，其组件如图 4-32 所示。

对定组件由球面销、调节钮、弹簧和销套组成。球面销、弹簧和调节钮都组装到销套上，构成一个独立的整体。该组件安装于基座的对定孔中，销套与基座构成紧密的过盈配合。在长心套的左端面开有四个对定锥孔，当工件旋转到一个指定工位时，在弹簧的作用下，球面销就会嵌入对定锥孔实现分度定位。

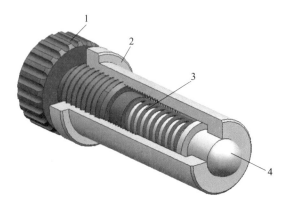

图 4-32　对定组件
1—调节钮　2—销套　3—弹簧　4—球面销

✿ 知识链接

1. 常用对定机构的对定特点

（1）钢球定位

钢球定位属于轴向分度装置，在分度盘上按一定的转角要求加工出相应的定位锥坑，钢球靠弹簧压入锥坑内实现对定。分度转位时，分度盘自动将钢球压回，不需要拔出球面销。钢球定位的优点是结构简单，操作方便，但定位精度不高。它一般仅用于切削负荷小而分度精度要求不高的场合，或用作某些精密分度装置的预定位。

（2）圆柱销定位

圆柱销定位属于轴向分度装置，圆柱销与分度孔的配合一般用 H7/g6。圆柱销定位的优点是结构简单，制造容易，使用时不受分度副间黏附有污物或碎屑的影响。缺点是无法补偿分度副间的配合间隙对分度精度的影响。它多用于中等精度的铣床、钻床分度夹具。

（3）削边销定位

削边销定位是对圆柱销定位的改进，它能减小孔、销间的配合间隙。

（4）圆锥销和双斜面楔定位

圆锥销定位如图 4-33a 所示，属于轴向分度装置，圆锥销的圆锥角一般为 10°。因为圆锥销与分度孔接触时能消除两者的配合间隙，故分度精度高于圆柱销定位。但是，分度副间若黏附有污物时会影响分度精度。圆锥销的制造比圆柱销稍复杂些。

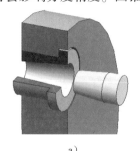
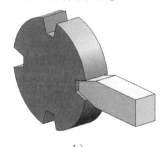

a）　　　　　　　　　　　　　　　　b）

图 4-33　圆锥销和双斜面楔定位
a）圆锥销　b）双斜面楔

双斜面楔定位如图 4-33b 所示，属于径向分度装置，其特点与圆锥销定位基本相似，在结构上和使用中都应考虑防尘和防屑。

（5）带斜面圆柱销和单斜面销（楔）定位

带斜面圆柱销和单斜面销（楔）定位如图 4-34 所示，属于径向分度装置，其特点是当分度副上黏附有污物或碎屑时，定位元件向后移动，而定位元件的直边始终与定位槽的直边保持接触。这样，分度的转角误差也始终分布在斜面的一侧，所以并不影响分度精度。这种分度装置常用作精密分度。定位元件斜角一般采用 15°~18°。

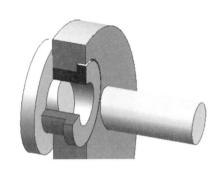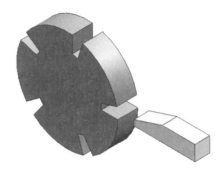

图 4-34　带斜面圆柱销和单斜面销（楔）定位

（6）正多面体—斜楔定位

正多面体—斜楔定位如图 4-35 所示，属于径向分度装置，这种形式的分度盘利用正多面体上各个面进行分度，用斜楔加以对定。其优点是结构简单，制造容易，但分度精度一般，分度数目不宜过多。

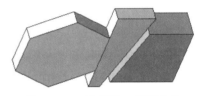

图 4-35　正多面体—斜楔定位

2. 精密分度

上述介绍的各种分度对定机构都是以一个对定销依次对准分度盘上的销孔或槽口实现分度定位的。按照这种原理工作的分度对定机构的分度精度受到分度盘上销孔或槽口等分误差的影响，较难达到更高的分度精度。对于高精度要求的场合，如数控机床和加工中心的转位刀架或分度工作台等，离不开精密的分度或转位部件，需要采用特殊手段方能达到精度要求。例如，电感分度装置、端齿分度装置和钢球分度装置等，它们与上述分度对定机构有着不同的对定原理——误差均化原理，从理论上说，它们的分度精度可以不受分度盘上分度销孔或槽口等分误差的影响。具体内容可查阅相关资料，这里不再赘述。

思考与练习 ▶▶

1. 试描述偏心轮分度对定机构的操作方法。
2. 试描述间接式枪栓分度对定机构的操作方法。

夹具图的绘制

在夹具的各局部结构和总体方案基本确定后，即可着手夹具总装配图（简称夹具总图）的绘制工作。夹具总图绘制完毕，还要对夹具上的非标准件绘制零件图。

任务一　夹具总图的绘制

知识点：

◎ 夹具总图的绘制内容。

◎ 夹具总图的绘制要求。

◎ 夹具总图的绘制步骤。

能力点：

◎ 了解夹具总图的绘制方法。

任务提出

夹具总图是用来表达夹具的工作原理，体现组成夹具的各零件之间的装配关系和相互位置，并给夹具的装配、检验提供所需要的尺寸数据的技术文件。试绘制如图1-1所示套筒工件铣键槽夹具总图。

任务分析

　　一般来说，夹具的设计可分为前期准备、拟定结构方案、绘制夹具总图、绘制夹具零件图四个阶段。通过前面的学习，已经了解了夹具结构方案的初步拟定步骤：确定工件的定位方案及夹具定位系统的结构；确定工件的夹紧方案及夹具的夹紧装置；确定刀具的对刀装置和引导装置；确定夹具分度装置、对定装置及其他辅助装置；确定夹具体结构及其相对机床的安装方式。

知识准备

　　1. 夹具总图的绘制内容

　　夹具总图的绘制内容如图 5-1 所示。

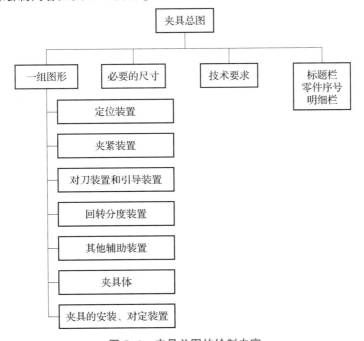

图 5-1　夹具总图的绘制内容

　　2. 夹具总图的绘制要求

　　一般情况下，夹具总图的绘制要求见表 5-1。

表 5-1　　　　　　　　　　　　　　　　夹具总图的绘制要求

绘制要求	相关说明
应符合国家标准	制图必须符合国家标准，尤其对于一些常用简化画法、标准件的画法及有关制图方面的最新标准，应注意严格遵守执行
尽量采用 1∶1 的绘图比例	常用 1∶1 的绘图比例，可使较为复杂的结构设计具有较好的直观性，并且可以省掉一些不必要的强度计算。另外，也为直接绘制图样和后阶段的拆画零件图提供了方便
局部结构视图不宜过多	视图的安排，以能清楚地表达结构、装配关系及零件位置为原则，并留出明细栏、标题栏和装配技术要求的空间位置；主视图一般按照夹具的安装方向，选择面向操作者的视图，或最能反映内部装配结构、动作原理的方向绘制

续表

绘制要求	相关说明
反复进行局部结构的调整和完善	在一些重要的结构参数（如轴径、跨度、标准件规格等）确定前，夹具的总体结构设计只是一个临时性的方案。一些详细结构还有待于后面的计算参数、标准件的结构尺寸的支持。总图的设计过程往往是边设计、边计算、边查表、边修改的反复调整过程。画图时注意不要一下就把结构定死、图线画实，而应时时留有修改、调整的余地，以免造成较大的返工及不合理结构的产生

需要注意的是，应吸收各种先进技术，并充分发挥计算机辅助设计（CAD）、先进夹具资料库的作用。

任务实施

如图 1-1 所示的套筒工件铣键槽夹具总图的绘制步骤如下：

1. 用细双点画线（或红色细实线）绘制出工件视图的外轮廓线和工件上的定位、夹紧及被加工表面，如图 5-2 所示。

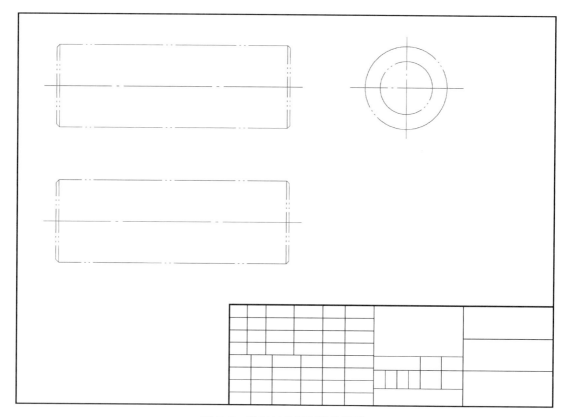

图 5-2　绘制工件视图外轮廓线

2. 将工件假想为透明体，即工件和夹具的轮廓线互不遮挡，然后按照工件的形状和位置，依次画出定位元件、对刀—导向元件、夹紧装置、力源装置及其他辅助元件（如夹紧装置的支柱和支承板、弹簧以及用来紧固各零件的螺钉和销等）的具体结构，最后绘制出夹具体，把夹具的各部分连成一个整体，如图 5-3 所示。

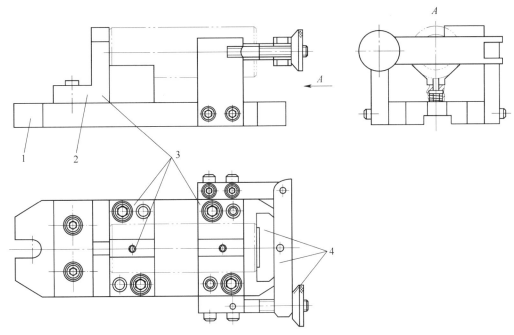

图 5-3　夹具具体结构的绘制
1—夹具体　2—对刀—导向元件　3—定位元件　4—夹紧装置

3. 标注总图上的尺寸和技术要求。

夹具总图上尺寸、公差配合和技术要求的标注是夹具设计过程中一项很重要的工作。因为它们与夹具的制造、装配、检验及安装有着密切的关系，直接影响夹具的制造难度和经济效益，所以必须予以合理标注。

夹具总图上应标注的尺寸见表 5-2。

表 5-2　　　　　　　　　　　夹具总图上应标注的尺寸

尺寸类型	相关说明
夹具外形的最大轮廓尺寸	这类尺寸确定夹具在机床上所占空间的大小和可能的活动范围，以便校核夹具是否会与机床和刀具发生干涉 应特别注意夹具可动部分处于极限位置时在空间所占位置的尺寸
配合尺寸	夹具上凡是有配合要求的部位，均应标注其公称尺寸、配合种类和精度等级。例如，工件孔与圆柱销的配合，刀套（或衬套）与钻模板的配合，定位销与夹具体的配合等，夹具典型元件的配合公差见附表 22
夹具与刀具的联系尺寸	这类尺寸确定夹具上对刀—导向元件与定位元件的位置。例如，铣床夹具中对刀块与定位元件间的位置尺寸及塞尺尺寸，钻床和镗床夹具中的钻套、镗套与刀具导引部分的配合尺寸及它们与定位元件间的位置尺寸等
夹具与机床的联系尺寸	这类尺寸表示夹具怎样与机床有关部分连接，从而确定夹具在机床上的正确位置。例如，铣床夹具定向键与机床工作台 T 形槽的配合尺寸，车床夹具安装表面与主轴轴端的配合尺寸等
其他装配尺寸	这类尺寸表示夹具内部各元件间在装配后必须保证的位置关系尺寸。例如，定位元件与定位元件之间的尺寸，定位元件与导向元件之间的尺寸，两导向元件之间的孔距尺寸等

夹具总图上的公差配合一般根据已有的经验数据用比较法确定。夹具尺寸公差按与工件

加工尺寸是否直接有关分为两类，其确定原则见表 5-3。

表 5-3 夹具总图上公差配合的确定原则

尺寸类型	相关说明
夹具尺寸公差与工件加工尺寸公差直接相关	夹具尺寸公差可取相应尺寸公差的 1/5~1/2，常用的比值为 1/3~1/2 具体选用时，要结合工件的加工精度要求、生产批量的大小等因素综合考虑。在夹具的制造精度能经济地达到时，应尽可能选取较小的比值；对于生产批量较大或工件加工精度要求不高时，也可取较大的比值 在标注与加工尺寸直接相关的夹具尺寸公差时，一般应将工件的加工尺寸换算成平均尺寸作为夹具相应尺寸的公称尺寸，然后再将经确定的夹具尺寸公差值按双向对称分布公差值进行标注
夹具尺寸公差与工件加工尺寸公差无直接关系	这类夹具尺寸公差多表示夹具中各元件间的相互配合性质，应按其在夹具中的功用和装配要求选用。如导向元件（如钻套、镗套）与刀具的配合，定位元件与夹具体的配合，铰链连接轴与孔的配合等 一般可以参照有关夹具设计手册选取

在夹具总图上除需标注各种必要的尺寸和公差配合外，还需确定各元件之间或各元件有关表面之间的相互位置精度。这些精度要求常以文字叙述或几何公差符号表示，即技术要求。在夹具总图上，一般需在下列元件（或表面）之间标注技术要求：定位元件之间或定位元件与夹具体定位面之间；定位元件与连接元件（或找正基面）之间；对刀元件、导向元件与定位元件之间等。对于与加工工件要求直接相关的夹具元件之间的位置公差（如同轴度、垂直度、平行度等），通常可根据相应的工件加工工序及技术要求所规定数值的 1/5 ~ 1/2 选取，一般为 1/3。对于与工件加工要求无直接关系的夹具元件的自由位置公差可按表 5-4 选取。

表 5-4 夹具元件的自由位置公差 mm

技术条件	参考数值
同一平面上的支承钉或支承板的等高公差	≤0.02
定位元件工作表面对定位键槽侧面的平行度公差或垂直度公差	≤0.02/100
定位元件工作表面对夹具体底面的平行度公差或垂直度公差	≤0.02/100
钻套轴线对夹具体底面的垂直度公差	≤0.05/100
镗模前、后镗套的同轴度公差	≤0.02
对刀块工作表面对定位元件工作表面的平行度公差或垂直度公差	≤0.03/100
对刀块工作表面对定位键槽侧面的平行度公差或垂直度公差	≤0.03/100
车床夹具、磨床夹具的找正基准面对其回转中心的径向圆跳动公差	≤0.02

以上技术要求是保证工件加工精度所必需的，也是夹具装配、检验、验收的依据，要根据工件的加工精度要求、夹具的制造水平和制造能力等因素综合考虑选用。有关数据可参照有关夹具设计手册选取。

4. 完成夹具组成零件、标准件编号，编写夹具零件明细栏。

套筒工件铣键槽夹具总图如图 5-4 所示。

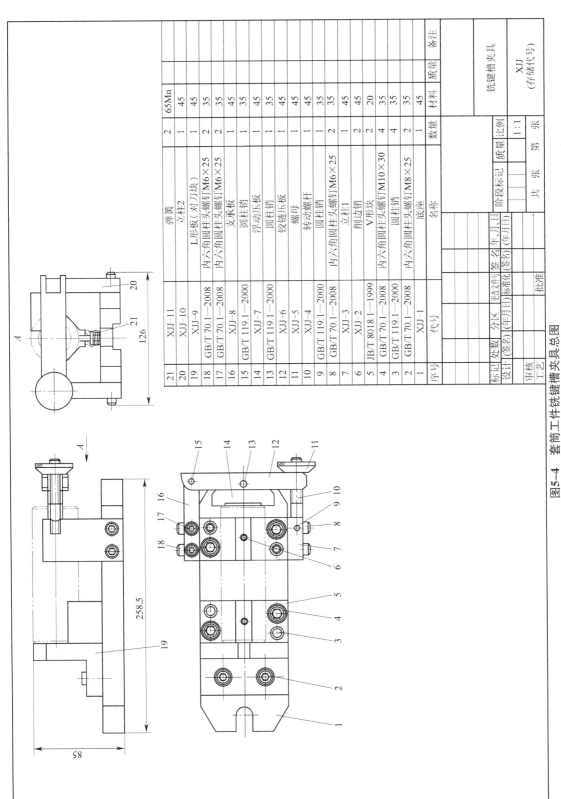

序号	代号	名称	数量	材料	质量	备注
21	XJJ-11	弹簧	2	65Mn		
20	XJJ-10	立柱2	1	45		
19	XJJ-9	L形板（对刀块）	1	45		
18	GB/T 70.1—2008	内六角圆柱头螺钉M6×25	2	35		
17	GB/T 70.1—2008	内六角圆柱头螺钉M6×25	2	35		
16	XJJ-8	支承板	1	45		
15	GB/T 119.1—2000	圆柱销	1	35		
14	XJJ-7	浮动压板	1	45		
13	GB/T 119.1—2000	圆柱销	1	35		
12	XJJ-6	铰链压板	1	45		
11	XJJ-5	螺母	1	45		
10	XJJ-4	转动螺杆	1	45		
9	GB/T 119.1—2000	圆柱销	1	35		
8	GB/T 70.1—2008	内六角圆柱头螺钉M6×25	2	35		
7	XJJ-3	立柱1	1	45		
6	XJJ-2	削边销	2	45		
5	JB/T 8018.1—1999	V形块	2	20		
4	GB/T 70.1—2008	内六角圆柱头螺钉M10×30	4	35		
3	GB/T 119.1—2000	圆柱销	4	35		
2	GB/T 70.1—2008	内六角圆柱头螺钉M8×25	2	35		
1	XJJ-1	底座	1	45		

标记	处数	分区	更改文件号	签 名	年,月,日		铣键槽夹具	
设计		(签名)	(年月日)	阶段标记	质量	比例		XJJ
审核		(签名)	(年月日)					(存储代号)
		标准化			1:1			
工艺		批准		共 张	第 张			

图5-4 套筒工件铣键槽夹具总图

由于本教材中所涉及夹具的外形尺寸和技术要求会随实际安装机床有所变化，因此，各夹具总图部分尺寸及技术要求已做省略。

❀ 知识链接

用计算机绘制夹具总图

传统手工绘制装配图时，先根据确定的夹具设计方案，选择并确定合适的视图表达方案，然后从绘制图幅、布置视图开始，依据装配线及装配顺序逐步画出装配图各部分的结构。此法难度和工作量很大，而且一旦在绘图中出现差错，修改比较困难。

随着计算机技术的发展，制图手段发生了根本性的变化，计算机绘图已逐渐代替手工绘图，成为工程上主要的绘图方法。尤其是在绘制比较复杂的图样时，三维造型软件的应用与手工绘图相比，在绘图效率、图面质量、图形编辑、发布等方面均具有无可比拟的优势。人们无须从线条开始绘制零件图和装配图，而是通过三维造型软件，进行夹具零件及装配体的创建，完成夹具零件图及夹具总图的绘制。

常用三维造型软件有 UG NX、Creo、CATIA、SolidWorks、CAXA 等。这里以 SolidWorks 软件为例简单介绍用计算机绘制夹具总图的方法。

首先，利用 SolidWorks 软件根据要求进行夹具零件的三维实体建模并装配，完成后保存；然后再次打开装配体，点击"文件"，选择"从装配体到工程图"，在弹出的窗口中选择合适的图纸，确定后打开装配体图纸窗口进行夹具总图的绘制，如图 5-5 所示。

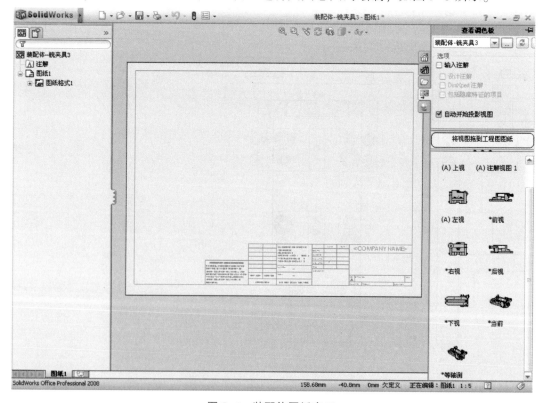

图 5-5　装配体图纸窗口

其次，将光标移至右侧视图管理区域，根据表达需要选择夹具体的基本视图，如图5-6所示。

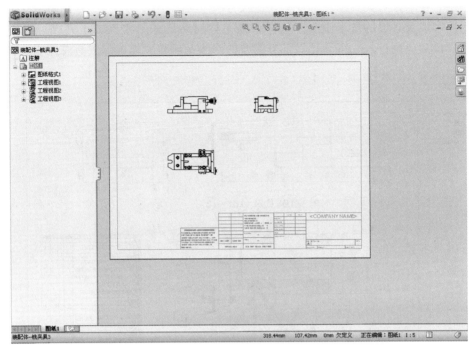

图5-6 选择基本视图

最后，移动视图到合适的位置，并激活各视图，对图形比例、显示样式等进行设置，如图5-7所示，以保证夹具总图能表达清楚。

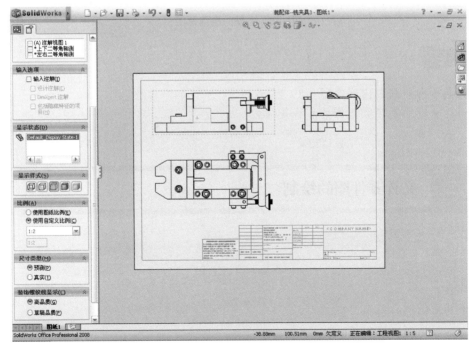

图5-7 进行相关设置

　　至此夹具总图各主要视图的绘制工作基本完成，如有必要还可对辅助表达夹具局部的视图进行绘制。接下来对夹具总图标注必要的尺寸（包括添加中心线）、零件序号、标题栏和明细栏的内容以及必要的技术说明，这样一幅完整的夹具总图才算真正完成，如图 5-8 所示。当然，最后还要进入二维软件做部分细节的修改及调整，以确保夹具总图表达清晰。

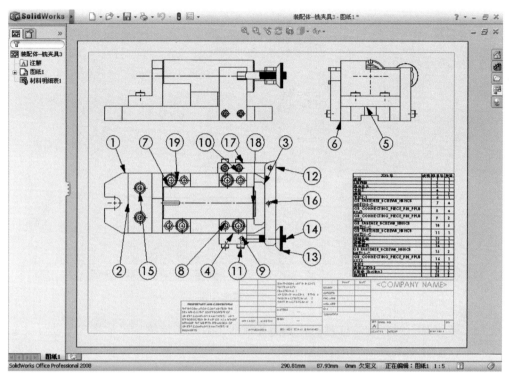

图 5-8　完整的夹具总图

思考与练习 ▶▶

1. 夹具总图的绘制内容有哪些？
2. 用计算机绘制夹具总图的流程是什么？

任务二　夹具零件图的绘制

知识点：

◎ 夹具零件图的绘制内容。

◎ 夹具零件图的绘制要求。

◎ 夹具零件图的绘制步骤。

能力点：

◎ 了解夹具零件图的绘制方法。

任务提出

夹具总图绘制完成后，即进入夹具零件图的绘制阶段。试完成如图 1-1 所示套筒工件铣键槽夹具中非标零件铰链压板（见图 5-9）零件图的绘制。

图 5-9 铰链压板

任务分析

本任务要求通过装配图拆绘出非标准零件的零件图，确定零件的结构细节、各部位尺寸关系、重要尺寸的公差带、重要表面的几何公差要求；确定零件的材料、热处理工艺要求及局部表面质量要求；最后确定夹具零件的其他有关技术参数，以便进行夹具的制造。

知识准备

1. 夹具零件图的绘制内容

绘制夹具零件图时，首先应明确其绘制内容，夹具零件图的绘制内容如图 5-10 所示。

图 5-10 夹具零件图的绘制内容

2. 夹具零件图的绘制要求

（1）图样绘制应符合国家标准

图样上的名词、术语、代号、文字、图形符号、结构要素及计量单位等均应符合有关标准或规定，特别是有关制图方面的最新标准，应注意严格遵守执行。

（2）选择及布置视图

夹具零件图选取视图（包括剖视图、断面图、局部视图等）的数量要恰当，以能完全、正确、清楚地表达零件的结构、形状和相对位置关系为原则，每个视图应有其表达重点。以铰链压板为例，表达该零件时如图 5-11a 所示即可，第三视图因无表达重点可省略，而无须绘制为如图 5-11b 所示。

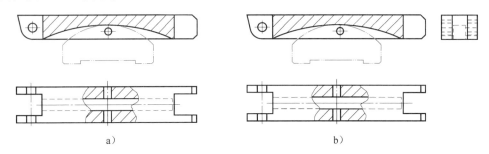

a)   b)

图 5-11　铰链压板视图表达方案

夹具零件图的基本结构和主要尺寸应与夹具总图一致，不应随意改动。当必须改动时，应对总图做相应的修改。

（3）优先采用 1∶1 的绘图比例

采用 1∶1 的绘图比例，可使较为复杂的结构设计具有较好的直观性；布置视图时要合理利用图纸幅面，若零件尺寸较小或较大时，可按规定的比例画出图形。对于局部结构如有必要可采用局部放大图。

（4）图样标注

零件图上的图样标注是加工与检验的依据。

在图样上标注尺寸时，应做到正确、完整、书写清晰、工艺合理、便于检验。对于在夹具中需要配合的尺寸或者要求精确的尺寸，应注出尺寸的极限偏差，如与销轴有配合的孔的尺寸应给出其极限偏差。

零件的所有表面（包括非加工表面）都应按照国家标准规定的标注方法注明表面粗糙度。如零件较多表面具有同一表面粗糙度时，可在图样适当位置集中标注，但仅允许标注使用最多的一种表面粗糙度，例如，铰链压板零件图中大多数表面的表面粗糙度都是 $Ra6.3\mu m$。

对于在夹具中影响工件定位精度的零件，其零件图上应在相应位置标注必要的几何公差，具体数值和标注方法按国家标准规定执行。

（5）编写技术要求

当夹具零件在加工或检验中必须保证的要求和条件不便用图形或符号表示时，可在零件图技术要求中注出。它的内容根据不同零件、不同材料和不同的加工方法的要求而定。

（6）画出零件图的标题栏

在图纸的右下角画出标题栏，用来说明夹具零件的名称、图号、数量、材料、绘图比例等内容，其格式按照国家标准规定执行。

任务实施

根据夹具零件图的绘制内容和要求，完成的套筒工件铣键槽夹具中铰链压板零件图如图 5-12 所示。

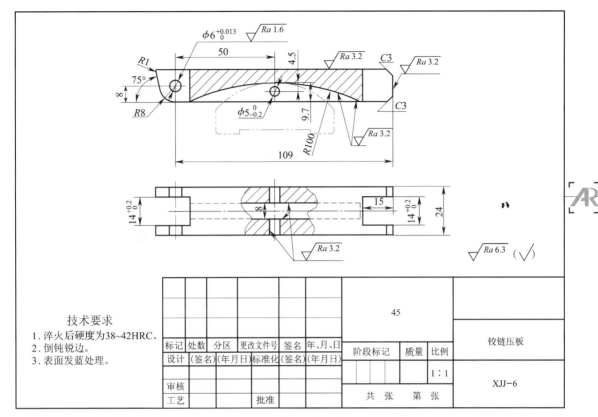

图 5-12 铰链压板零件图

✿✿ 知识链接

夹具零件图的计算机绘制

现以图 1-1 所示套筒工件铣键槽夹具中的浮动压头为例,介绍利用 SolidWorks 软件进行零件图绘制的过程。

(1)打开已经创建的浮动压头零件 SolidWorks 文件,如图 5-13 所示。

(2)单击"文件",选择"从零件制作工程图",弹出"新建文件"对话框,选择工程图并确定,打开工程图制作窗口,如图 5-14 所示。

(3)从右侧视图管理区域选择表达该零件合适的视图,并拖至图纸窗口,调整其位置,如图 5-15 所示。

(4)将视图移到合适位置,并激活各视图,对图形结构尺寸、图形比例、显示样式等进行设置,保证零件结构表达清楚,如图 5-16 所示。

(5)在夹具零件图中添加中心线、表面粗糙度、几何公差及必要的技术要求,以确保零件图能完整、清晰地表达零件结构和要求,如图 5-17 所示。

(6)将工程图另存为 .dwg 格式,并对图形做细节修改和调整,如图 5-18 所示,使图形符合国家标准并表达准确、清晰。

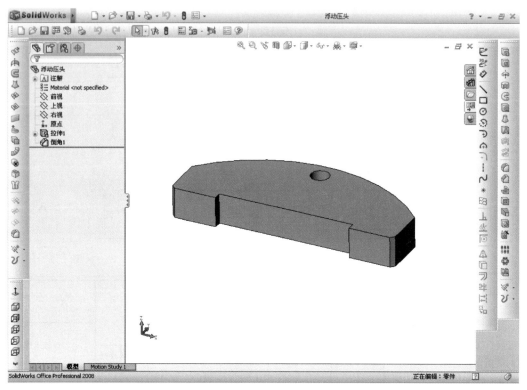

图 5-13　打开零件文件

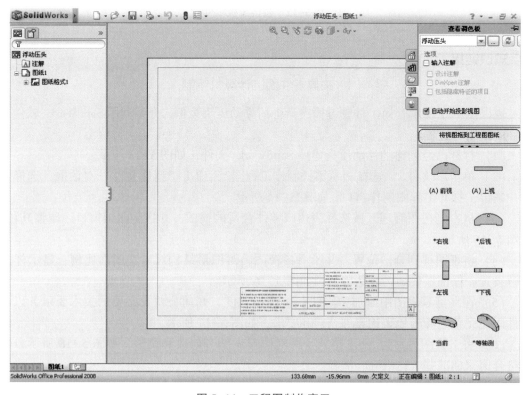

图 5-14　工程图制作窗口

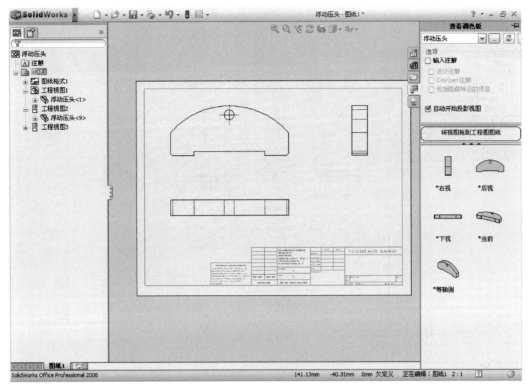

图 5-15 选择合适的视图

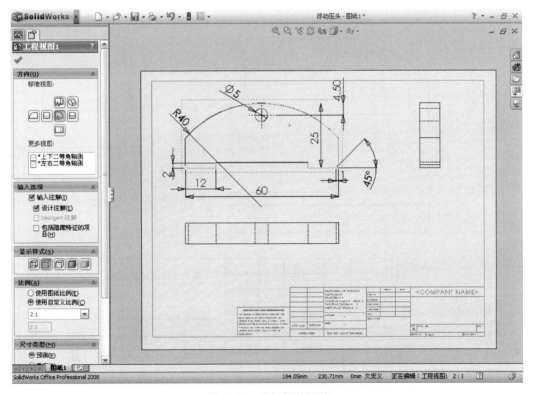

图 5-16 进行相关调整

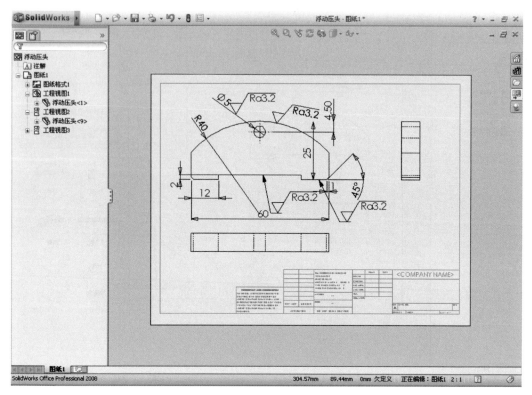

图 5-17　完成零件结构和要求的表达

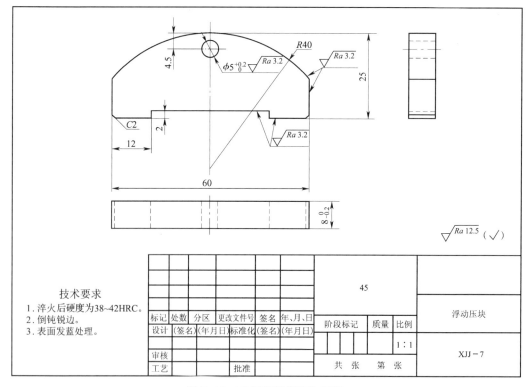

图 5-18　对细节做修改和调整

思考与练习 ▶▶

1. 试完成如图 5-19 所示后盖零件图的手工绘制（未注尺寸自定）。

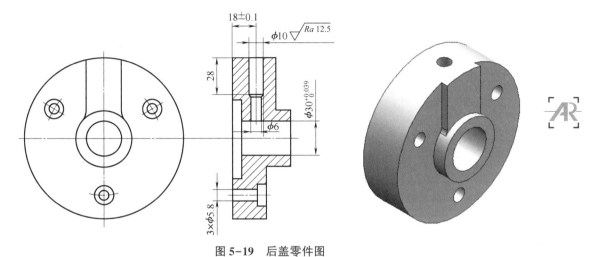

图 5-19　后盖零件图

2. 试完成如图 5-19 所示后盖零件图的计算机绘制。

典型机床夹具

机床夹具一般由定位装置、夹紧装置、夹具体及其他装置或元件组成，但是，由于各类机床的加工工艺特点、夹具与机床的连接方式等不尽相同，因此夹具的具体结构和技术要求等也不相同。

任务一 车床夹具

知识点：

◎ 车床夹具分类。

◎ 车床夹具设计要点。

◎ 车床夹具设计步骤。

能力点：

◎ 能根据被加工零件的结构特点、可采用的定位基准、加工部位等确定车床夹具的设计方案。

车床夹具主要用于圆柱面（内、外）、圆锥面（内、外）、回转面、螺纹及端面加工工件的定位及装夹，其加工表面一般都是通过工件绕车床主轴轴线旋转，由车刀切削加工而形成的，故大多数车床夹具都安装在车床的主轴上，加工时夹具随车床主轴一起旋转（主运动），进给运动则由切削刀具完成。少数特殊的加工需要将夹具安装在车床的滑板或床身上。

蜗轮箱零件如图 6-1 所示，本工序要求完成 $\phi43^{+0.025}_{0}$ mm 蜗杆孔和端面的粗、精车，为此，设计了蜗轮箱车孔车床夹具，其三维模型如图 6-2 所示。那么该夹具是如何设计的呢？

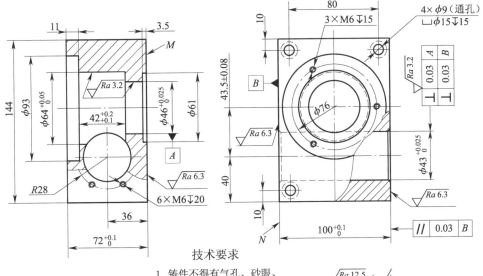

技术要求
1. 铸件不得有气孔、砂眼、疏松、裂纹等缺陷。
2. 人工时效处理。
3. 未注倒角为C1。
4. 四周棱边倒圆为R0.5~1。

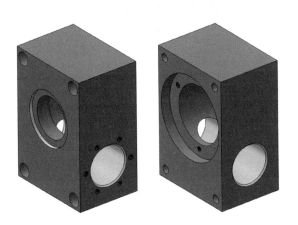

图 6-1 蜗轮箱零件

车床夹具类型众多，通过该具体实例可较全面地了解典型车床夹具的设计要点。

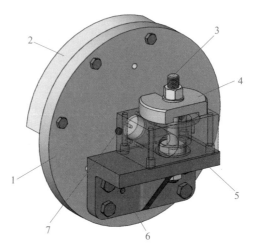

图 6-2　蜗轮箱车孔车床夹具三维模型
1—夹具体　2—平衡块　3—心轴　4—压板　5—角铁　6—定位销　7—支承钉

知识准备

1. 车床夹具分类

就使用范围而言，车床夹具有通用车床夹具和专用车床夹具之分。

通用车床夹具主要有如图 6-3 所示的三爪自定心卡盘、四爪单动卡盘、拨动顶尖等，此类车床夹具已经标准化，由专门的厂家生产。

a）　　　　　　　　　　　　b）　　　　　　　　　　　　c）

图 6-3　通用车床夹具
a）三爪自定心卡盘　b）四爪单动卡盘　c）拨动顶尖

专用车床夹具根据其结构形式和装夹工件的方式不同，分为心轴类车床夹具、卡盘类车床夹具和角铁类车床夹具，相关说明见表 6-1。

表 6-1　　　　　　　　　　　　　　　　专用车床夹具的分类

类型	示例	说明
心轴类车床夹具	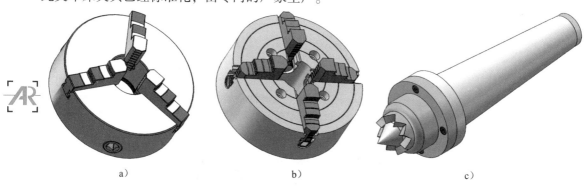	它通常以工件的内孔作为定位基准。典型的心轴类车床夹具有圆柱心轴夹具、弹簧心轴夹具、顶尖式心轴夹具等

续表

类型	示例	说明
卡盘类车床夹具		它具有卡盘形状，用于形状较复杂工件的装夹。多数情况下，工件的定位基准为与加工圆柱面相垂直的端面。夹具上的平面定位件与车床主轴轴线相垂直
角铁类车床夹具	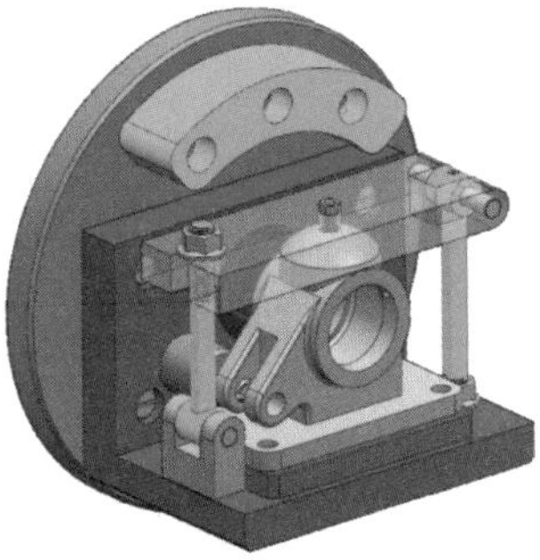	它具有类似于角铁形状的夹具体，常用于壳体、支座、接头等形状复杂工件的内、外圆柱面和端面加工时的装夹

2. 车床夹具设计要点

由于车床夹具一般安装在车床主轴上，并随主轴高速旋转，故对其有特别的设计要求，具体如下：

（1）夹具结构紧凑

夹具外轮廓尺寸要尽可能小些，质量尽可能小，夹具重心应尽可能靠近回转轴线，以减小惯性力和回转力矩。

夹具悬伸长度（L）与其外轮廓直径（D）之比可参考下列数值选取：直径在 150 mm 以内的夹具，$L/D \leqslant 1.25$；直径在 150～300 mm 之间的夹具，$L/D \leqslant 0.9$；直径大于 300 mm 的夹具，$L/D \leqslant 0.6$。

（2）考虑平衡要求

平衡措施主要有设置平衡块和增设减重孔两种。目的是消除夹具回转中可能产生的不平衡现象，以避免振动对工件加工质量和刀具寿命的影响，尤其是角铁类车床夹具更要注意。

（3）夹紧迅速、可靠

为防止夹具旋转惯性力使夹紧力减小，从而导致回转过程中夹紧元件松脱，要设计好可靠的自锁结构。

（4）连接准确、可靠

连接轴或连接盘（过渡盘）的回转轴线与车床主轴轴线应具有尽可能高的同轴度精度。对于外轮廓尺寸较小的夹具，可采用莫氏锥柄与车床主轴锥孔配合连接；对于外轮廓尺寸较大的夹具，可通过特别设计的过渡盘与车床主轴轴颈配合连接。这两种连接方式都要注意连接牢固，不能产生松动情况。特别要考虑当主轴高速旋转、紧急制动等情况时，夹具与主轴之间应设有防松装置。

另外，夹具上所有的元件和装置不能大于夹具体的回转直径。靠近夹具体外缘的元件应尽量避免有凸起的部分，必要时，考虑在回转部分外面加装防护罩。

3. 车床夹具设计步骤

（1）要明确工件加工工艺要求，分析工件图样所注明的加工精度和已经完成的工序。

（2）确定工件的加工方式和定位方案，选择合适的定位元件或支承元件，并完成此类元件的初步设计工作。

（3）确定夹紧方案，初步设计出夹紧机构及其元件。

（4）确定夹具体结构，设计出夹具体及其与车床的连接方式。

（5）完成设计后，应对整个夹具进行调整。例如，对某些定位元件、导向元件、夹紧元件等进行具体结构及尺寸的修改，使之满足设计功能要求。

任务实施

1. 明确设计任务

设计蜗轮箱零件加工工艺流程中第 8 道工序所用的车床专用夹具。蜗轮箱零件产量要求为 8 000 件/月。粗、精车蜗杆孔及端面的工序卡见表 6-2。

2. 确定定位方案及定位元件

（1）确定定位方案

定位方案如图 6-4 所示。根据工序要求，为保证蜗杆孔中心线到底面的距离 36 mm，应消除 $\vec{X}$、$\widehat{Z}$ 和 $\widehat{Y}$ 三个自由度；为保证蜗杆孔中心线对端面 B 的垂直度和箱体宽度尺寸 $100^{+0.1}_{0}$ mm 的要求，应消除 $\vec{X}$、$\widehat{Y}$ 和 $\widehat{Z}$ 三个自由度；为保证蜗杆孔中心线到蜗轮孔中心线的距离（43.5±0.08）mm，应消除 $\vec{Z}$ 自由度。

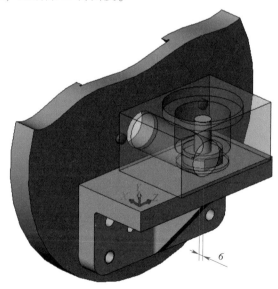

图 6-4 定位方案

由以上分析可知，为满足蜗杆孔加工要求，必须消除工件的六个自由度，进行完全定位。

表6-2　粗、精车蜗杆孔及端面的工序卡

零件名称	蜗轮箱	零件工艺流程	1. 铸造毛坯　2. 铣大端基准面　3. 铣侧端基准面　4. 铣小端基准面　5. 铣箱体其他三个表面　6. 质检　7. 粗、精车蜗轮孔及端面　8. 粗、精车蜗杆孔及端面　9. 质检　10. 质检　11. 沉孔加工　12. 攻螺纹　13. 锉刀去毛刺　14. 入库质检
零件图号	×××××		

第8道工序卡

		车间	车	工序名称	粗、精车蜗杆孔及端面
		(车)	××	当前工序号	8
		小组			

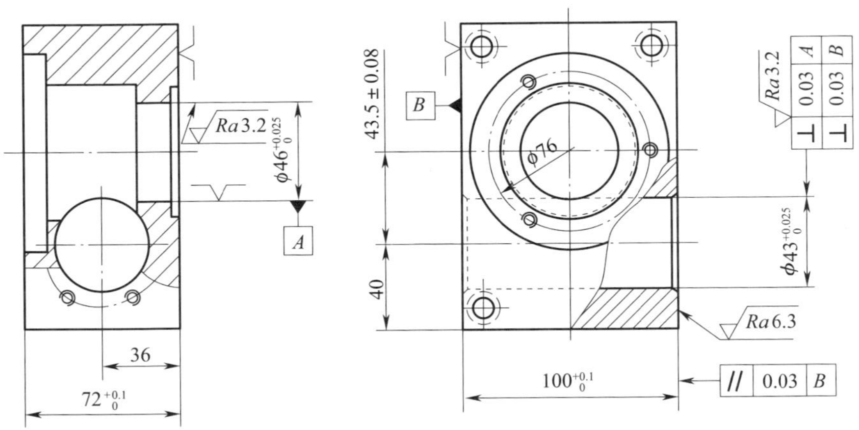

	毛坯	铸件	材料牌号	HT250
		名称	普通卧式车床	
	机床	型号	CA6140	单位工时/min ≤7
		编号	××××	
	夹具图号		JJ08-01	
	夹具名称		蜗轮箱夹具 (8)	
	工具、刀具、量具	45°端面车刀 (硬质合金)、游标卡尺 (0～125 mm) 内孔车刀 (硬质合金)、塞规 专用塞规		

工步号	工步内容	进给量/(mm·r⁻¹) /(mm·r^{-1})	转速/(r·min⁻¹) /(r·min^{-1})	机动时间/min	辅助时间/min
1	将工件装夹在角铁夹具上，车端面，保证尺寸6 mm	0.9～1.3	110	2	
2	粗、精车内孔 φ43$^{+0.025}_{0}$ mm 至尺寸要求，倒角	0.4～0.6	220	3	2
3	检查，拆卸工件				

说明：1. 箱体除待加工蜗杆孔（φ43$^{+0.025}_{0}$ mm）为毛坯面外，其余各表面均为已加工表面。
　　　2. 工步1中尺寸6 mm 为待加工蜗杆孔端面到夹具角铁端面的距离（方便测量），如图6-4所示。

（2）确定定位元件

根据本工序的定位要求，选择角铁（角铁支承面消除工件三个自由度）、两个支承钉（消除工件两个自由度）和削边心轴（消除工件一个自由度）作为定位元件，具体情况见表 6-3。支承钉按实际需要在附表 1 中选取，其他为专用件，按需要设计。

表 6-3　　　　　　　　　　　　　　　　定位元件的选择及说明

序号	加工尺寸及位置精度要求	设计基准	工序基准	定位基准	需消除的自由度	选用定位元件	定位方式简图
1	保证蜗杆孔中心线到底面的距离 36 mm	M	M	M	$\vec{X}$、$\vec{Z}$ 和 $\vec{Y}$	角铁（支承表面）消除 $\vec{X}$、$\vec{Z}$ 和 $\vec{Y}$	削边心轴 2个支承钉　角铁支承面　6
2	保证蜗杆孔中心线对端面 B 的垂直度和箱体宽度尺寸 $100^{+0.1}_{0}$ mm	N	N	N	$\vec{X}$、$\vec{Y}$ 和 $\vec{Z}$	2 个支承钉消除 $\vec{X}$ 和 $\vec{Y}$	
3	保证蜗杆孔中心线到蜗轮孔中心线的距离（43.5 ± 0.08）mm	蜗轮孔中心	蜗轮孔中心	蜗轮孔中心	$\vec{Z}$	削边心轴消除 $\vec{Z}$	

3. 设计夹紧方案及夹紧装置

（1）确定夹紧力方向

夹紧力方向的确定及说明见表 6-4。

表 6-4　　　　　　　　　　　　　　　　夹紧力方向的确定及说明

序号	定位基准面	影响工件与定位表面接触的外力		夹紧力方向的确定
		类型	方向	
1	M	重力（G）、切削力（垂直分力 F_y）	垂直向下	夹紧力（W）垂直于角铁的支承表面
2	蜗轮孔中心			
3	N	切削力的轴向分力 F_z	垂直于 N	因切削力的轴向分力 F_z 垂直于 N，有利于工件在 N 上的定位。该方向可不设置夹紧力

（2）确定夹紧力作用点

夹紧力应靠近加工表面，以减少加工中工件的振动，夹紧方案如图 6-5 所示。

（3）确定夹紧力大小

本夹具因采用手动方式夹紧，故对夹紧力的计算没有严格要求，只对加紧机构的自锁性能有要求。

4. 设计夹具结构

根据定位、夹紧的需要，该车床夹具的结构主要由角铁、定位心轴、夹具体和平衡块等部分组成。

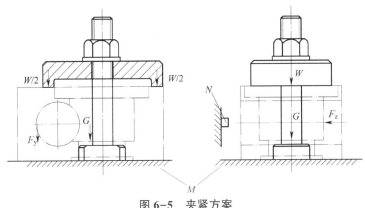

图 6-5　夹紧方案

（1）定位装置

1）角铁

角铁（见图 6-6）通过 4 个 M16 的螺钉与夹具体连接，并用 2 个 $\phi 10$ mm 配作定位销保证安装精度。根据被加工工件的尺寸及强度要求确定其外形尺寸，通过蜗轮箱底面与角铁间的面接触消除工件三个自由度。

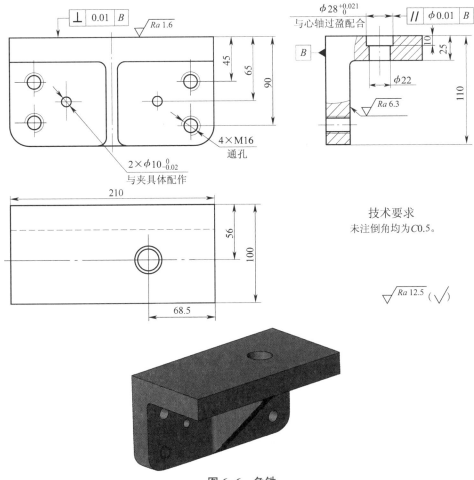

图 6-6　角铁

为保证蜗杆孔中心线到底面的距离和对蜗轮孔中心线的垂直度要求，要求角铁安装后，其支承面对夹具体中心线的平行度误差不大于 0.01 mm，对夹具体与法兰连接面的垂直度误差不大于 0.01 mm。

角铁定位安装在夹具体上后，其端面要进行加工，以保证工序卡上工步 1 尺寸 6 mm 的要求（用宽度尺寸为 100 mm 的工件试调加工）。

角铁主要用于两种情况：一是工件形状较特殊，被加工表面的轴线要求与定位基准面平行或成一定角度；二是工件的形状虽不特殊，但不宜设计使用对称式夹具，如加工壳体、支座、接头等工件上的圆柱面和端面时。

2）定位心轴

本夹具中，采用如图 6-7 所示的削边定位心轴，只消除一个自由度。定位心轴通过过盈配合（ϕ28H7/p6）与角铁连接，并用对顶螺母拧紧防松。同时在另一端通过螺旋机构夹紧工件。

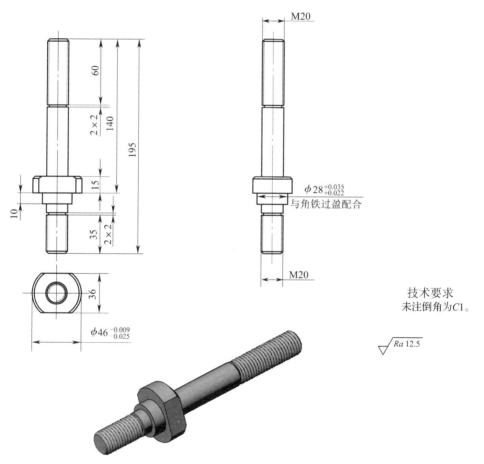

图 6-7　削边定位心轴

削边定位心轴与蜗轮孔为间隙配合，为保证顺利安装，同时为保证蜗杆孔中心线到蜗轮孔中心线的距离，减小定位误差，采用 ϕ46H7/g6 的配合，即削边心轴的尺寸为 $\phi46_{-0.025}^{-0.009}$ mm。且安装后其轴线对夹具体轴线的垂直度误差不大于 0.01 mm。

3）支承钉

两个支承钉在夹具体上等高布置且位置不低于回转中心（相对角铁支承板），两个支承钉相隔距离应尽量大（分别靠近工件的两端）。

为保证蜗杆孔中心线对端面 N（144 mm×72 mm）的垂直度要求，两个支承钉在夹具体上安装到位后，随夹具体在车床上加工（车支承钉端面），以保证它们伸出的长度相等，允许误差不大于 0.01 mm。

（2）夹紧装置

1）夹紧机构

采用螺旋夹紧机构（见图6-5）进行夹紧，为使机构简单，直接在定位心轴上加工螺纹，并选用 M20 螺纹以满足强度要求。

2）压板

压板将螺纹副产生的力传递到工件表面合适的位置，实现对工作的夹紧。压板如图6-8所示。

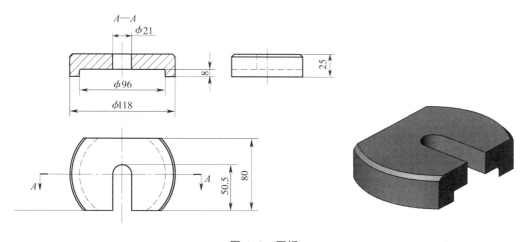

图6-8 压板

本夹具采用削边圆形压板，是为了保证压板轮廓不超出工件宽度，压板削边一侧开口，可实现工件在夹具上方便、快速地拆装。

另外，在螺母与压板之间设置弹簧垫圈，在螺母工作时用于防松。

（3）夹具体

夹具体的径向尺寸应根据被加工工件的尺寸、角铁的大小、平衡块的安装以及车床的最大回转直径要求等因素来确定。

考虑到加工过程中夹具体要承受较大的切削力，为保证夹具体有足够的强度和刚度，减少加工过程中的变形或振动，取壁厚为 30 mm。

夹具通过夹具体直接与车床（CA6140 型）连接，根据车床主轴端部结构尺寸，设计夹具体与机床连接部分的结构（确定夹具体与车床法兰盘的配合关系 $\phi206H7/js6$），如图6-9所示。根据车床法兰盘上已有的连接螺纹孔位置，对应配置夹具体上的连接孔。为保证夹具多次装拆后仍能保持与车床法兰盘准确的连接精度，在连接处设置圆锥定位销。

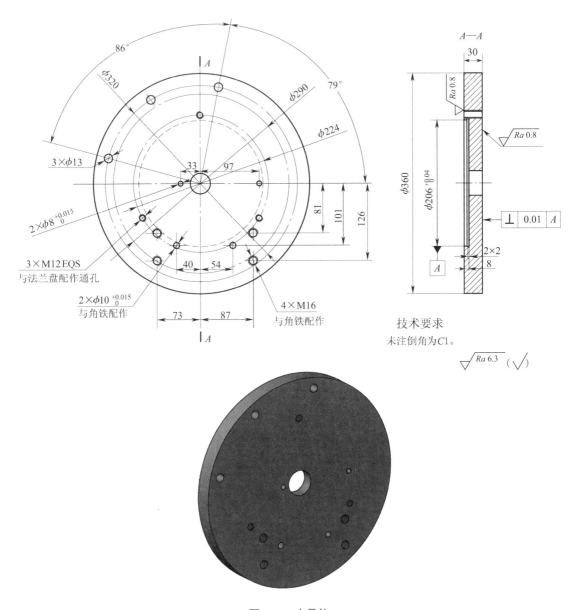

图 6-9　夹具体

常用的夹具与车床的连接方式有两种：一是夹具以锥柄与机床主轴的锥孔连接（误差小，定心精度高，适用于小型夹具）；二是夹具通过过渡盘与机床主轴的轴颈连接（为保证精度，在安装夹具时要按夹具体上的找正圆校正夹具与主轴的同轴度）。

（4）辅助装置

1）平衡块

由于工件和夹具上各元件相对机床主轴的回转轴线不对称，即离心惯性力的合力不为零，因此，欲使其平衡，需要在该回转体上加一个平衡块（即配重块），使它产生的离心惯性力与原有各质量所产生的各离心惯性力的合力等于零。

2）防护罩

为保证加工工件时的操作安全，可在夹具上设计防护罩等。

（5）定位误差分析

1）孔的尺寸 $\phi 43_0^{+0.025}$ mm 直接由切削过程保证，不存在定位误差。

2）工序尺寸（43.5±0.08）mm 的定位误差计算如下：

因工序基准与定位基准重合，故 $\Delta_B = 0$。

因工件圆孔与心轴为任意边接触，故基准位移误差计算如下：

$$\Delta_w = T_h + T_D + X_{min} = 0.025 \text{ mm} + 0.016 \text{ mm} + 0.09 \text{ mm} = 0.05 \text{ mm}$$

所以 $\Delta_D = \Delta_B + \Delta_w = 0.05$ mm。

由于误差小于尺寸公差的三分之一（0.16 mm/3 ≈ 0.053 mm），因此符合要求。

3）对 $\phi 46_0^{+0.025}$ mm 蜗轮孔中心线垂直度 0.03 mm 的定位误差计算如下：

平面定位时，基准位移误差忽略不计，$\Delta_w = 0$。

工序基准是主轴轴线，存在基准不重合误差，$\Delta_B = 0.01$ mm。

故 $\Delta_D = \Delta_B + \Delta_w = 0.01$ mm，符合要求。

4）对 N 面的垂直度 0.03 mm 的定位误差计算如下：

平面定位，基准位移误差 $\Delta_w = 0$。

工序基准是主轴轴线，存在基准不重合误差，$\Delta_w = 0.01$ mm。

故 $\Delta_D = \Delta_B + \Delta_w = 0.01$ mm，符合要求。

5. 绘制夹具总图

蜗轮箱车孔车床夹具总图如图 6-10 所示。

✿✿ 知识链接

车床夹具的静平衡

由于加工时车床夹具随主轴一起旋转，如果夹具的总体结构不平衡，则在离心力的作用下将造成振动，影响工件的加工精度和表面粗糙度，并将加剧车床主轴和轴承的磨损。因此，车床夹具除了控制悬伸长度外，结构上还应达到基本平衡要求。

对于角铁式车床夹具来说，其定位元件及其他元件总是布置在主轴轴线一边，不平衡现象最为严重。所以，在确定其结构时，特别要注意对它进行平衡，平衡的方法有设置平衡块或加工减重孔。

在确定平衡块的质量或减重孔所去除的质量时，可用隔离法做近似估算。即把工件和夹具上的各元件隔离成几个部分，互相平衡的各部分可略去不计，对不平衡的部分，则按力矩平衡原理确定平衡块的质量或减重孔应去除的质量。具体计算公式可查阅相关资料，这里不再赘述。

为了弥补估算法的不准确性，平衡块上（或夹具体上）应开有径向槽或环形槽，以便进行调整。

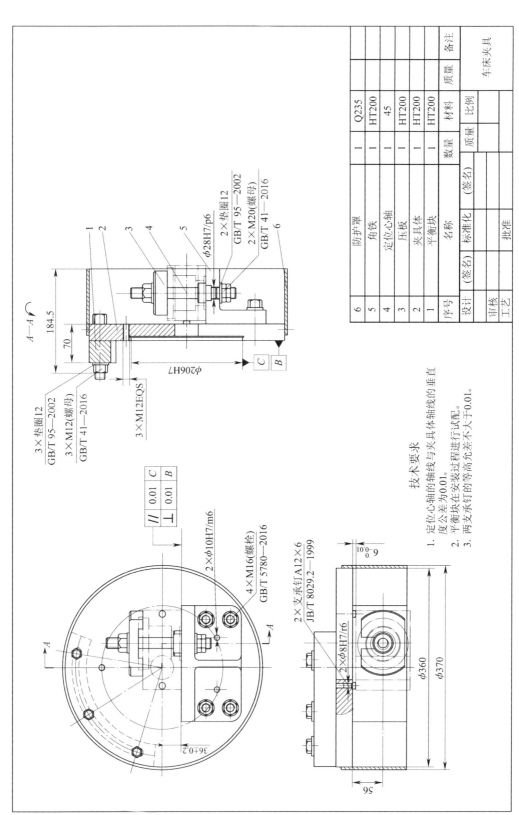

技术要求
1. 定位心轴的轴线与夹具体轴线的垂直度公差为0.01。
2. 平衡块在安装过程进行试配。
3. 两支承钉的等高等高允许差不大于0.01。

图6-10 蜗轮箱车孔车床夹具总图

序号	名称	数量	材料	备注
6	防护罩	1	Q235	
5	角铁	1	HT200	
4	定位心轴	1	45	
3	压板	1	HT200	
2	夹具体	1	HT200	
1	平衡块	1	HT200	
序号	名称	数量	材料	备注
设计	（签名）	标准化	（签名）	质量 比例
审核				车床夹具
工艺		批准		

思考与练习 ▶▶

1. 多孔阀体零件图如图 6-11 所示，材料为黄铜 H70，采用精密铸造（铸造时同时铸出 3 个 ϕ16 mm 通孔）毛坯。阀体除三个台阶圆孔外，其余各表面均已加工，该工序加工阀体孔 1、孔 2、孔 3，加工精度均为 IT7 级，表面粗糙度值为 $Ra1.6\mu m$，三孔坐标公差为 ±0.05 mm。

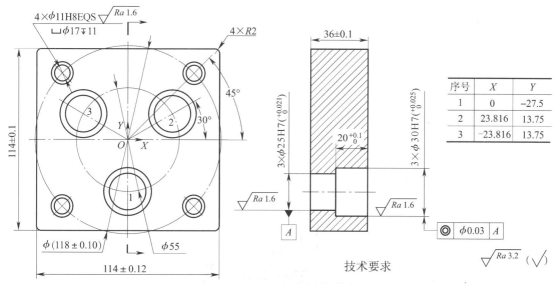

序号	X	Y
1	0	−27.5
2	23.816	13.75
3	−23.816	13.75

技术要求

1. 未注倒角均为 $C1$。
2. 1、2、3 孔中心线平行度公差为 0.03。
3. 1、2、3 孔的坐标公差为 ±0.05。

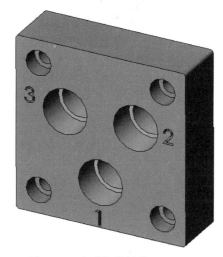

图 6-11 多孔阀体零件图

为了保证在一次装夹中完成本工序的加工要求，设计了如图 6-12 所示的多孔阀体车床夹具。试对该夹具结构进行分析，并判断能否满足阀体的加工要求。

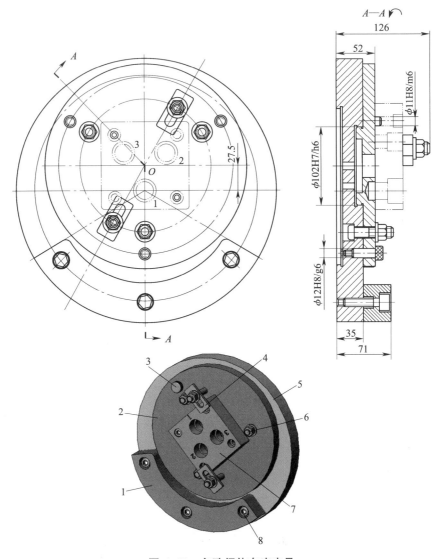

图 6-12　多孔阀体车床夹具
1—平衡块　2—定位盘　3—定位销　4—压板　5—夹具体　6—T形槽螺栓　7—工件　8—内六角螺钉

2. 在 CA6140 型车床上加工如图 6-13 所示轴承座上的 $\phi32K7$ 孔，A 面和两个 $\phi9H7$ 孔已加工好，试简单设计所需夹具。

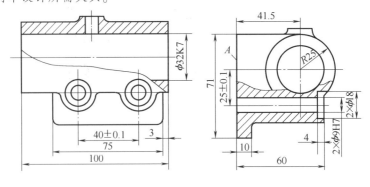

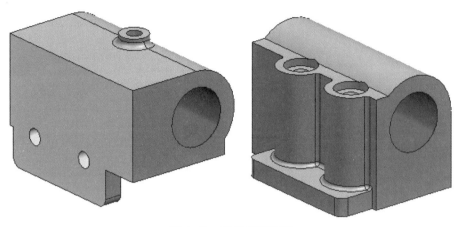

图 6-13 轴承座零件图

任务二　钻床夹具

知识点:

◎ 钻床夹具分类。

◎ 钻床夹具设计要点。

◎ 钻床夹具设计步骤。

能力点:

◎ 能根据被加工零件的结构特点确定钻床夹具的设计方案。

钻床夹具主要用于钻孔、扩孔、铰孔、锪孔、攻螺纹工件的定位装夹。钻床夹具的使用有利于保证被加工孔相对于其定位基准(轴或面)及各孔之间的精度(尺寸和位置),并能显著提高生产率。

任务提出

杠杆臂零件图如图 6-14 所示,本工序要求加工 $\phi10^{+0.10}_{0}$ mm 和 $\phi13$ mm 孔,为此,设计了在摇臂钻床上加工用翻转式加工杠杆臂两孔钻夹具,其三维模型如图 6-15 所示。那么,该夹具是如何设计的呢?

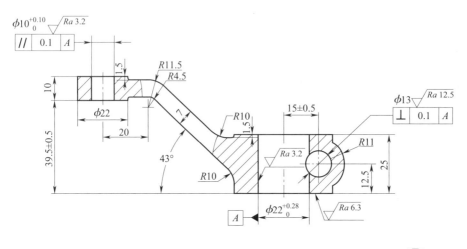

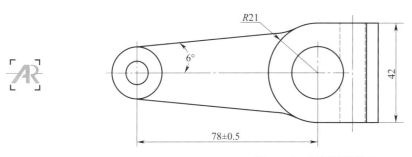

图 6-14　杠杆臂零件图

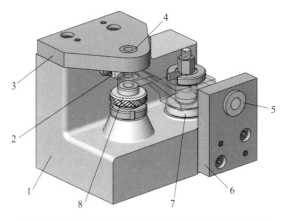

图 6-15　翻转式加工杠杆臂两孔钻夹具三维模型

1—夹具体　2—支承钉　3—钻模板1　4—钻套1　5—钻套2　6—钻模板2　7—销轴　8—螺旋辅助支承

任务分析

　　钻床夹具类型众多，通过该具体实例可较全面地了解典型钻床夹具的设计要点。

知识准备

1. 钻床夹具分类

钻床夹具类型众多，根据加工孔的分布情况和钻模板结构特征，一般可分为固定式、移动式、回转式（分度式）、翻转式、覆盖式、滑柱式等。这些夹具类型中，部分类型已经形成标准化结构，用户只需按要求设计专门的钻套和钻模板即可。钻床夹具的分类见表6-5。

表6-5　　　　　　　　　　　　　钻床夹具的分类

类型	示例	说明
固定式		使用过程中，固定式夹具及工件在机床上的位置固定不变。它通常用于立式钻床上加工直径较大的单孔或在摇臂钻床上加工平行孔系
移动式	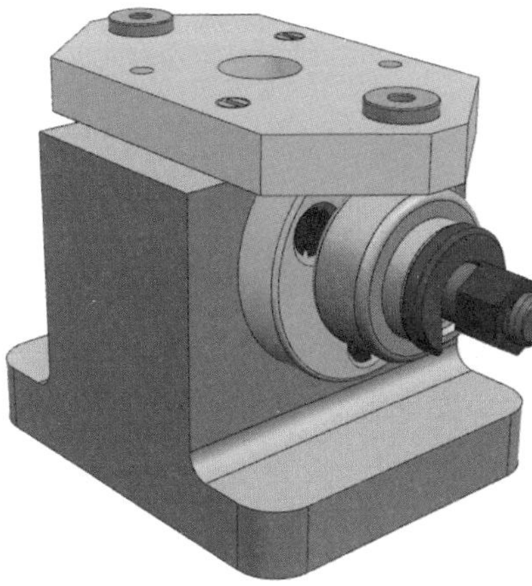	移动式钻床夹具一般不需要紧固在机床的固定位置上。它主要用于钻削中、小型工件同一表面上轴线平行的多个孔
回转式		回转式钻床夹具是应用最多的钻床夹具，使用中需紧固在机床工作台上。它主要用于加工同一圆周上的平行孔系或分布在圆周上的径向孔系

类型	示例	说明
翻转式	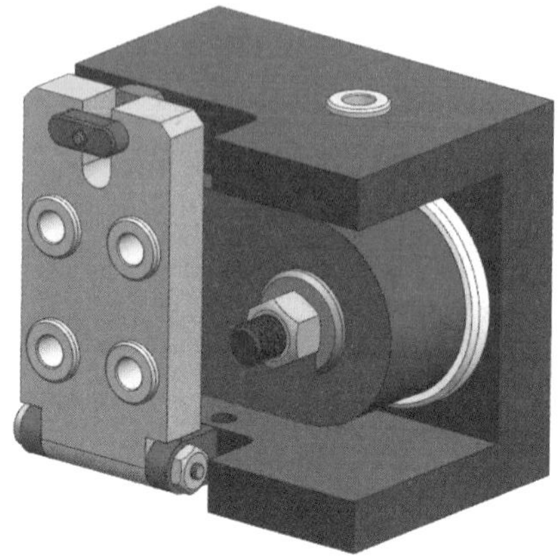	翻转式钻床夹具结构比较简单，它主要用于加工中、小型工件分布在不同表面上的孔
覆盖式	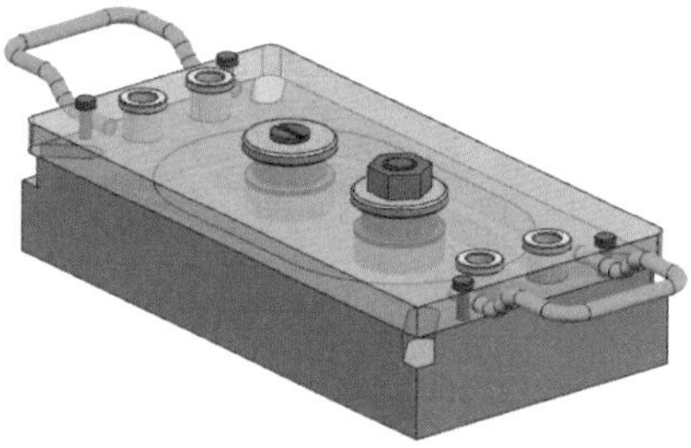	覆盖式钻床夹具结构比较简单，只有钻模板，没有夹具体。在钻模板上除安装钻套外，还安装有定位元件和夹紧装置
滑柱式	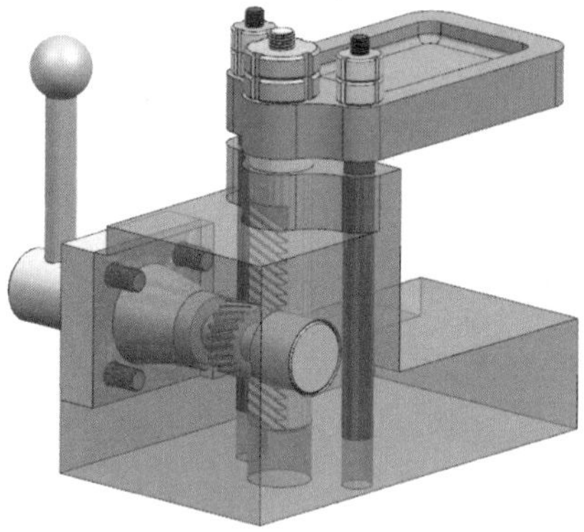	滑柱式钻床夹具是一种具有升降钻模板的通用可调夹具。手动滑柱式钻床夹具通用结构由夹具体、滑柱、钻模板、传动与锁紧机构组成，这些结构已标准化并形成系列

2. 钻床夹具设计要点

钻模板和钻套是钻床夹具的关键元件。钻模板形式的选用通常取决于夹具的类型和加工孔的特点，钻床夹具的设计要点如下：

（1）类型选择

设计钻床夹具时，可根据工件的结构、尺寸、质量、加工孔的大小、加工精度、生产规模等确定夹具的结构类型，注意事项如下：

1）加工孔的直径较大，工件和夹具的质量较大，孔的加工精度要求较高时，宜采用固定式结构。

2）加工孔的直径较小，工件和夹具的质量较小，同一表面上加工孔的数量较多时，宜采用移动式结构。

3）加工件在不同表面上有多个需要加工的孔、各孔之间的位置精度要求较高时，可采用翻转式结构。但工件和夹具的总质量不能太大。

4）加工同一圆周上的平行孔系或分布在同一圆周上的径向孔系时，宜采用回转式结构。

5）加工大、中型工件上同一表面或平行表面上的多个小孔时，可采用覆盖式结构。

（2）钻套选择

钻套在夹具中除了决定孔加工的准确性和精度外，还影响夹具使用的方便性、可维护性和生产率，各类钻套的特点及应用见表6-6。

表6-6　　　　　　　　　　　　　　各类钻套的特点及应用

类型	选择
固定钻套	结构精度、钻孔精度高，适用于单一钻孔工序和小批量生产
可换钻套	发生磨损或孔径变化时，便于及时更换
快换钻套	当工件需要钻、扩、铰多工序加工时，能够迅速更换（不同直径的钻套）
特殊钻套	当工件形状比较特殊或多孔的间距非常小时，可保证加工的稳定性

（3）钻模板选择

钻模板通常安装在夹具体或支承体上，有时可能会与夹具上的其他元件连接。由于钻模板担负着安装钻套的作用，其上安装孔的位置决定着加工孔的位置精度。具体设计时，应保证钻模板的结构形式能够方便工件的装拆。钻模板的常见结构见表6-7。

表6-7　　　　　　　　　　　　　　　钻模板的常见结构

常见结构	结构说明
固定式	固定式钻模板与夹具体（或其他元件）固定在一起，不可移动或转动。钻套位置精度较高，刚度高，适合加工孔的位置精度要求高的工件和大批量生产情况
铰链式	铰链式钻模板与夹具体（或其他元件）为铰链连接，可以绕铰链轴翻转，方便工件的装拆
可卸式	可卸式钻模板设计成独立的结构体，可依据加工的实际需要通过夹具上的特殊定位元件随时装夹固定，或者单独使用（如覆盖式钻床夹具）
悬挂式	悬挂式钻模板通常连接于机床传动箱，并随主轴一起移动，多与组合机床的多轴头联用
移动式	移动式钻模板在保持水平位置不变的情况下，可沿垂直方向上下移动，从而方便工件的装拆

（4）夹具体选择

钻床夹具的夹具体结构形式相对复杂多样，应根据加工工件的具体情况选择合适的结构，并注意以下几点：

1）夹具体应有足够的强度和刚度。

2）钻套轴线最好与夹具体的承载面保持垂直或水平，以免钻削过程中刀具发生倾斜或折断。

3）夹具体应设置支脚，以改善其与机床工作台的接触状况，并力求夹具的重心落在支脚所形成的支承面内。

4）在满足强度和刚度的前提下，尽量减小质量，尤其是移动式夹具。

3. 钻床夹具设计步骤

设计步骤包括：确定设计任务，确定定位方案，确定夹紧方案，确定分度方案，确定钻模结构，确定夹具体结构和绘制夹具总图。进行钻床夹具设计时，应注意以下几点：

（1）加工孔的特征、孔所在位置、孔的尺寸和精度、工件结构形式等在很大程度上决定着加工方法的选择。

（2）哪些表面已加工完毕，哪些还未加工，哪些是原始毛坯表面等直接影响着定位基准的选择。

（3）根据工件的结构特征、定位表面状况、加工精度和生产批量选择夹具的类型。

任务实施

1. 明确设计任务

设计在摇臂钻床上加工杠杆臂零件上 $\phi 10^{+0.10}_{0}$ mm 和 $\phi 13$ mm 孔的钻床夹具。杠杆臂零件图如图 6-14 所示，生产规模为中、小批量。

（1）加工要求

杠杆臂上除 $\phi 10^{+0.10}_{0}$ mm、$\phi 13$ mm 孔外，其余表面均已加工，所设计的钻模应保证两孔的精度要求如下：

1）待加工孔 $\phi 10^{+0.10}_{0}$ mm 和已加工孔 $\phi 22^{+0.28}_{0}$ mm 的距离为（78±0.5）mm。

2）待加工孔 $\phi 13$ mm 和已加工孔 $\phi 22^{+0.28}_{0}$ mm 的距离为（15±0.5）mm，距离 $\phi 22^{+0.28}_{0}$ mm 孔底面为 12.5 mm。

3）待加工孔 $\phi 10^{+0.10}_{0}$ mm 和已加工孔 $\phi 22^{+0.28}_{0}$ mm 中心线的平行度公差为 0.1 mm。

4）待加工孔 $\phi 13$ mm 和已加工孔 $\phi 22^{+0.28}_{0}$ mm 中心线的垂直度公差为 0.1 mm。

（2）加工工艺

该工件的结构和形状不规则，臂部刚度不足，加工孔 $\phi 10^{+0.10}_{0}$ mm 位于悬臂结构处，且该孔精度和表面质量要求高，故工艺规程中分钻孔、扩孔、铰孔多个工序。

由于该工序中两个孔的位置关系为相互垂直，且不在同一个平面内，要钻完一个孔后翻转 90° 再钻另一个孔，因此要设计成翻转式钻模。

2. 确定定位方案

（1）定位方案

在本工序加工前，所有平面和 $\phi 22^{+0.28}_{0}$ mm 孔均已加工完并达到要求，为定位基准的选择提供了有利条件。由于待加工两孔的位置精度在三个坐标方向都有要求，因此工件应采用完全定位方式。

如图 6-16 所示，以 $\phi 22^{+0.28}_{0}$ mm 孔底面为定位基准，臂部 $\phi 22$ mm 圆台底面为辅助基准，消除两个转动、一个移动自由度；以 $\phi 22^{+0.28}_{0}$ mm 孔为定位基准，消除两个移动自由度；以臂部 $\phi 22$ mm 圆台的外圆周一侧为定位基准，消除一个转动自由度。通过以上方案，可完全消除工件的六个自由度，从而加工 $\phi 10^{+0.10}_{0}$ mm 和 $\phi 13$ mm 孔。

（2）定位元件

为实现上述定位方案，定位元件（见图 6-17）的具体选择如下：

1）销轴

将该工件 $\phi 22^{+0.28}_{0}$ mm 孔底面置于销轴轴环端面上，消除工件的三个自由度；通过销轴短圆柱面与 $\phi 22^{+0.28}_{0}$ mm 孔配合，消除两个自由度。

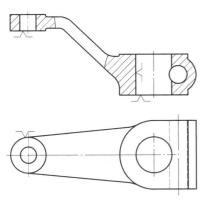

图 6-16　定位方案

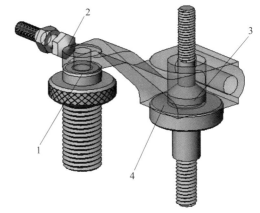

图 6-17　定位元件

1—螺旋辅助支承　2—可调支承钉
3—销轴短圆柱面　4—销轴轴环端面

2）可调支承钉

通过可调支承钉与臂部 $\phi 22$ mm 圆台的外圆周一侧接触，消除一个自由度。

3）螺旋辅助支承

为增强工件加工时的刚度和平稳性，可调节螺旋辅助支承高度，使其与臂部 $\phi 22$ mm 孔底面接触。

3. 确定夹紧方案

根据夹紧力应朝向主要定位基准，并使其作用点落在工件刚度较高部位的原则，在加工 $\phi 10^{+0.10}_{0}$ mm 孔时，可选用快速螺旋压板夹紧机构，如图 6-18 所示，使夹紧力 W 作用在 $\phi 22^{+0.28}_{0}$ mm 孔的上端面上。臂部 $\phi 22$ mm 圆台底面靠螺旋辅助支承来承受钻孔的轴向力，因此不需要施加夹紧力。对于钻削时产生的转矩，一方面依靠快速螺旋压板夹紧机构夹紧力产生的摩擦阻力来平衡；另一方面则由可调支承钉的阻碍作用平衡。以上两组元件共同承受钻削时的转矩。

在加工 $\phi 13$ mm 孔时，仍依靠螺旋压板夹紧，对于钻削产生的转矩也是靠螺旋压板夹紧机构夹紧力产生的摩擦阻力及销轴短圆柱面与已加工 $\phi 22^{+0.28}_{0}$ mm 孔的配合平衡。

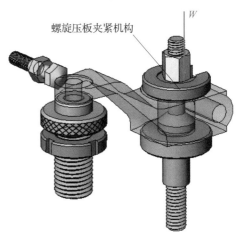

螺旋压板夹紧机构

W

图 6-18　快速螺旋压板夹紧机构

4. 设计夹具结构

（1）定位装置

1）销轴

销轴采用如图 6-19 所示的结构，$\phi 42$ mm 轴环的一端面与夹具体贴合，利用 $\phi 22^{-0.040}_{-0.073}$ mm

外圆与加工工件的 $\phi22^{+0.28}_{0}$ mm 孔相配合，消除三个移动和两个转动共五个自由度。销轴 M12 螺纹一端通过双螺母固定在夹具体上，另一端 M10 螺纹通过螺旋压板夹紧机构夹紧工件。

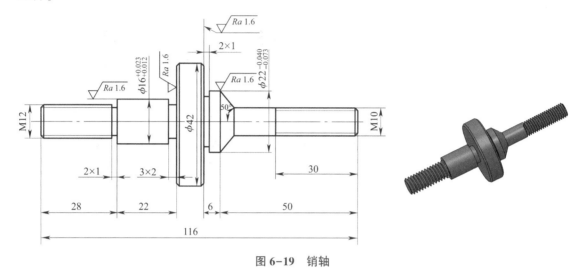

图 6-19 销轴

2）可调支承钉

可调支承钉在该夹具中的主要作用是消除工件的一个转动自由度，因此布置在臂部 $\phi22$ mm 圆台外圆周一侧高度居中位置，且水平布置。

可调支承钉在附表 3 中选取，本例选择 M8×35。

3）螺旋辅助支承

该支承主要是为了增大工件加工时的刚度，起平衡工件的作用，如图 6-20 所示。

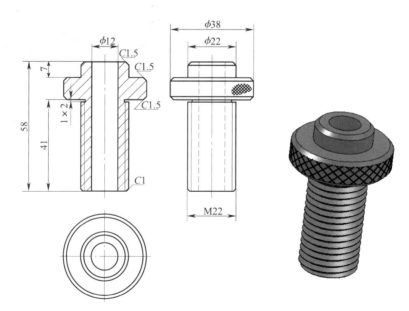

图 6-20 螺旋辅助支承

（2）夹紧装置

1）夹紧机构

夹紧机构选用螺旋夹紧机构，为使机构简单，直接在定位心轴上加工螺纹。选用 M10 螺纹以满足强度要求。

2）开口垫圈

开口垫圈将螺母旋合产生的力传递到工件表面合适的位置上，实现对工件的夹紧，如图 6-18 所示。

开口垫圈的结构可根据螺纹公称直径从国家标准《开口垫圈》（GB/T 851—1988）中选取。

（3）辅助装置

1）钻套

因为该钻床夹具加工工件的批量不大，故两孔都选择固定钻套。其内、外径配合公差按相关标准查取，结构尺寸可从附表 19 中选取。

2）钻模板

因该工件所要加工两孔位于相互垂直的方向，所以各自单独使用钻模板；又因所要加工位置与夹紧位置不干涉，所以两钻模板均采用固定式结构。钻模板与夹具体之间通过圆柱销和螺钉进行定位及固定，在装配时要注意保证钻套中心线与定位元件的位置关系：螺旋辅助支承的轴线和 $\phi 10^{+0.10}_{0}$ mm 孔钻套中心线共线，$\phi 13$ mm 孔钻套中心线与销轴轴线垂直。两钻模板如图 6-21 所示。

（4）夹具体

夹具体应根据被加工工件的尺寸、销轴、导向装置的安装等因素确定。

考虑到加工过程中夹具体要承受一定的切削力，为保证夹具体有足够的强度和刚度，防止产生变形或振动，所设计的结构如图 6-22 所示。

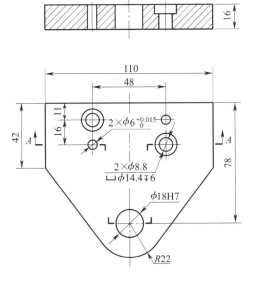

a）

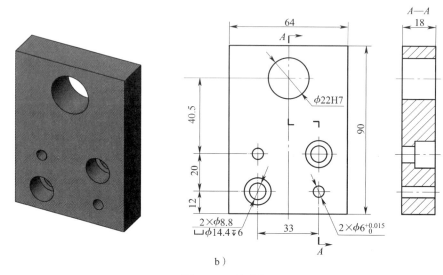

图 6-21 钻模板

a）钻模板 1 b）钻模板 2

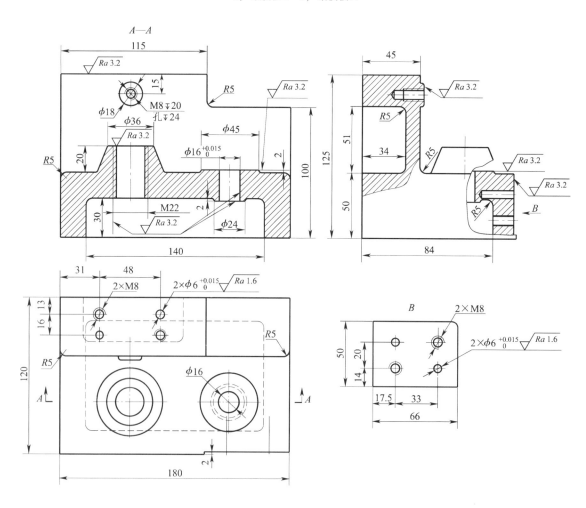

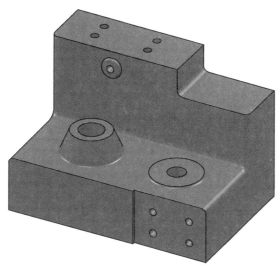

图 6-22　夹具体

5. 绘制夹具总图

上述各种元件的结构和布置基本上决定了该钻床夹具的整体结构，所有部分设计完毕并组装后的翻转式加工杠杆臂两孔钻夹具总图如图 6-23 所示。

❀ 知识链接

钻模板设计

1. 固定式钻模板

固定式钻模板和夹具体或支架一般采用两个圆柱销和几个螺钉装配连接，如图 6-21 所示，并在装配时调整位置，因钻孔精度较高，故使用较为广泛，不过要注意不妨碍工件的装卸。对于简单的结构，也可采用整体的铸造或焊接结构。

2. 铰链式钻模板

当钻模板妨碍工件装卸或钻孔后需攻螺纹时，可采用如图 6-24 所示的铰链式钻模板。铰链销与钻模板的销孔采用 G7/h6 配合，与铰链座的销孔采用 N7/h6 配合。钻模板与铰链座凹槽一般采用 H8/h7 配合，精度要求高时应进行配制，控制 0.01~0.02 mm 的间隙。钻套导向孔与夹具安装面的垂直度可通过调整垫片或修磨支承件的高度予以保证。加工时，钻模板需用菱形螺母或其他方法予以锁紧。由于铰链销孔之间存在配合间隙，其加工精度比采用固定式钻模板低。

3. 可卸式钻模板

可卸式钻模板如图 6-25 所示，它以两孔在夹具体的圆柱销和削边销上定位，并用连接螺栓将钻模板和工件一起夹紧。加工完毕需将钻模板卸下，才能装卸工件。使用这类钻模板时，装卸钻模板费力，钻套的位置精度低，故一般多在使用其他类型钻模板不便于装夹工件时才考虑。

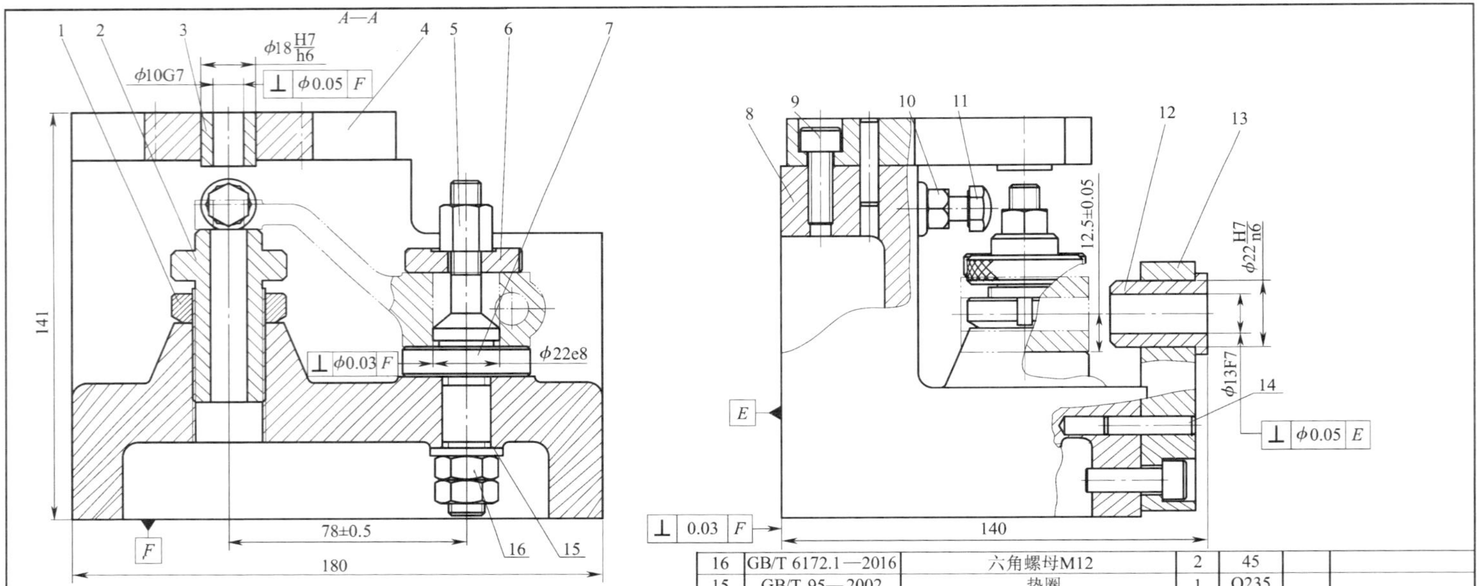

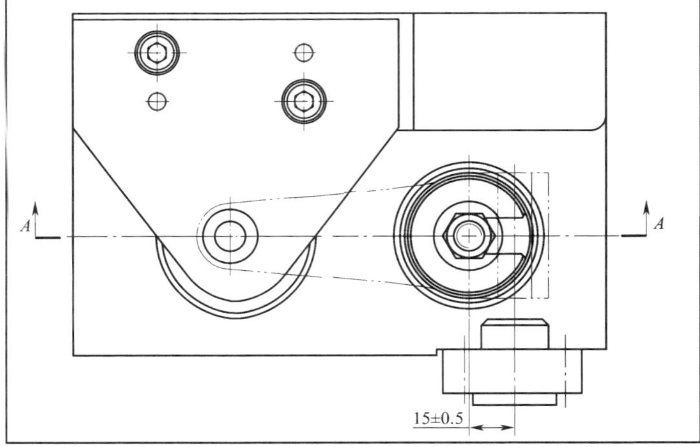

序号	代号	名称	数量	材料	质量	备注
16	GB/T 6172.1—2016	六角螺母M12	2	45		
15	GB/T 95—2002	垫圈	1	Q235		
14	GB/T 117—2000	圆锥销6×30	4	35		
13	ZJJ-5	钻模板2	1	45		
12	JB/T 8045.1—1999	钻套B27×32	1	T8		
11	JB/T 8026.1—1999	可调支承钉M8×35	1	45		
10	GB/T 6184—2000	锁紧螺母M8	1	45		
9	GB/T 70.1—2008	螺钉M8×25	4	35		
8	ZJJ-4	夹具体	1	HT200		时效处理
7	ZJJ-3	销轴	1	20		渗碳55~60HRC
6	GB/T 851—1988	开口垫圈	1	45		
5	GB/T 56—1988	夹紧螺母M10	1	45		
4	ZJJ-2	钻模板1	1	45		
3	JB/T 8045.1—1999	钻套A18×18	1	T8		
2	ZJJ-1	螺旋辅助支承M22	1	35		
1	GB/T 70.1—2008	锁紧螺母M22	1	45		

标记	处数	分区	更改文件号	签名	年、月、日					翻转式加工杠杆臂两孔钻夹具
设计	(签名)	(年月日)	标准化	(签名)	(年月日)	阶段标记		质量	比例	
									1:1	
审核										
工艺			批准			共 张		第 张		

图6-33 翻转式加工杠杆臂两孔钻夹具总图

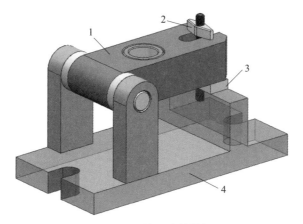

图 6-24 铰链式钻模板

1—钻模板 2—菱形螺母 3—垫片 4—夹具体（支架）

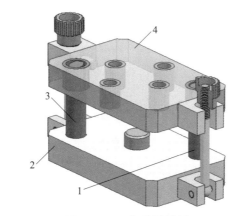

图 6-25 可卸式钻模板

1—圆柱销 2—夹具体（支架） 3—削边销 4—钻模板

思考与练习 ▶▶

1. 如图 6-26 所示为支架零件图，工件的其他表面均已加工完成，本工序要求加工 $\phi 9H7$ 孔。试对工件进行定位分析，并完成钻模的设计（画出草图）。

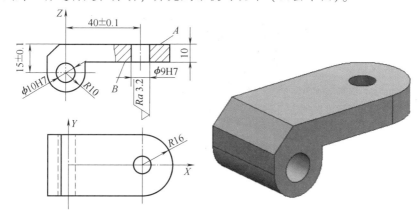

图 6-26 支架零件图

2. 如图 6-27 所示为钢套零件图。本工序需在钢套上钻 6 个均布的 φ6 mm 孔，工件为中批生产。试完成其钻夹具的设计。

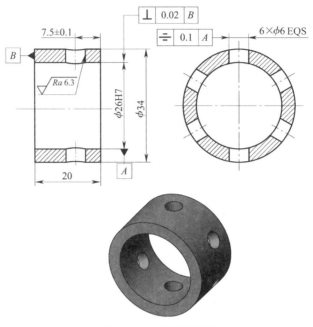

图 6-27　钢套零件图

钻模设计参考如图 6-28、图 6-29 所示。

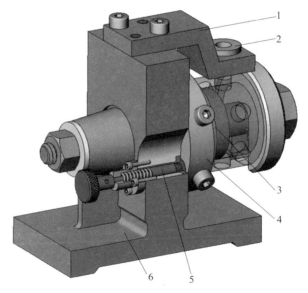

图 6-28　回转式钻套筒径向孔夹具模型
1—钻模板　2—钻套　3—销轴　4—分度盘
5—对定销　6—夹具体

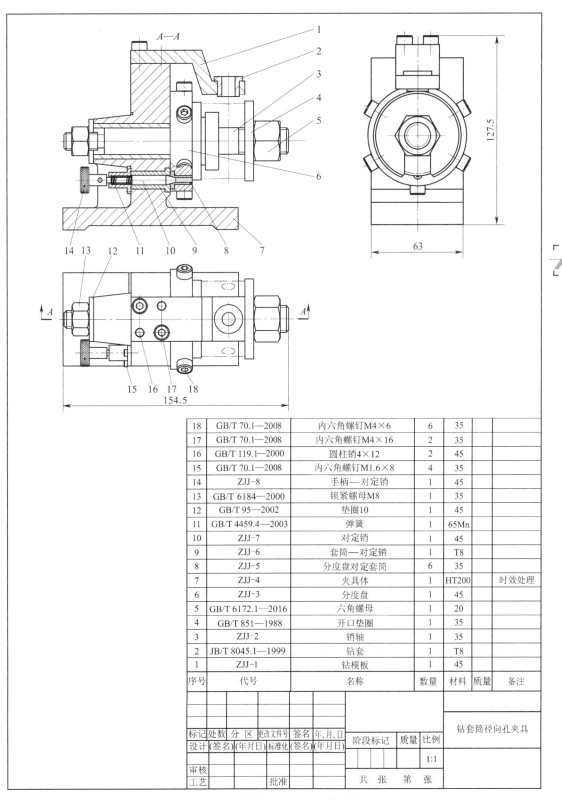

18	GB/T 70.1—2008	内六角螺钉M4×6	6	35	
17	GB/T 70.1—2008	内六角螺钉M4×16	2	35	
16	GB/T 119.1—2000	圆柱销4×12	2	45	
15	GB/T 70.1—2008	内六角螺钉M1.6×8	4	35	
14	ZJJ-8	手柄—对定销	1	45	
13	GB/T 6184—2000	锁紧螺母M8	1	35	
12	GB/T 95—2002	垫圈10	1	45	
11	GB/T 4459.4—2003	弹簧	1	65Mn	
10	ZJJ-7	对定销	1	45	
9	ZJJ-6	套筒—对定销	1	T8	
8	ZJJ-5	分度盘对定套筒	6	35	
7	ZJJ-4	夹具体	1	HT200	时效处理
6	ZJJ-3	分度盘	1	45	
5	GB/T 6172.1—2016	六角螺母	1	20	
4	GB/T 851—1988	开口垫圈	1	35	
3	ZJJ-2	销轴	1	35	
2	JB/T 8045.1—1999	钻套	1	T8	
1	ZJJ-1	钻模板	1	45	
序号	代号	名称	数量	材料	质量	备注

图6-29 钻套筒径向孔夹具总图

任务三　　铣床夹具

知识点：

◎ 铣床夹具分类。

◎ 铣床夹具设计要点。

◎ 铣床夹具设计步骤。

能力点：

◎ 能根据被加工零件的结构特点、可采用的定位基准、加工部位等确定铣床夹具的设计方案。

　　铣床夹具主要用于平面、沟槽、缺口、花键以及型面等加工工件的定位装夹。根据铣削时进给方式的不同，铣床夹具通常有直线进给、圆周进给和曲线进给（靠模）三种类型，其中，直线进给方式的铣床夹具应用最多。

任务提出

　　套筒零件图如图 6-30 所示，本工序要求完成深度 8 mm、宽度 $6_0^{+0.03}$ mm 键槽的加工，为此，设计了加工套筒键槽的铣床夹具，其三维模型如图 6-31 所示。那么，该夹具是如何设计的呢？

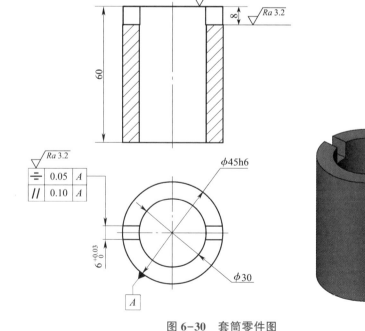

图 6-30　套筒零件图

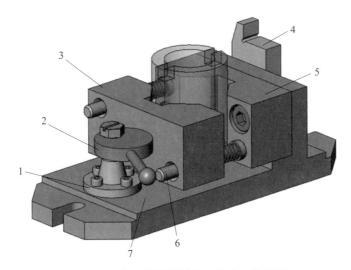

图 6-31 加工套筒键槽铣床夹具三维模型

1—偏心轮支架 2—偏心轮 3—活动 V 形块 4—对刀块 5—固定 V 形块 6—圆柱销轴 7—夹具体

任务分析

铣床夹具类型众多，通过该具体实例可较全面地了解典型铣床夹具的设计要点。

知识准备

1. 铣床夹具分类

根据使用范围的大小，铣床夹具分为通用铣床夹具和专用铣床夹具。通用铣床夹具主要包括平口虎钳（见图 6-32）、自定心卡盘和单动卡盘等，它们已经标准化，由专门的厂家生产。

专用铣床夹具根据其应用的铣床类型不同，可分为卧式铣床夹具和立式铣床夹具；根据装夹工件特点的不同，又可分为单件铣夹具、多件铣夹具和分度铣夹具，见表 6-8。

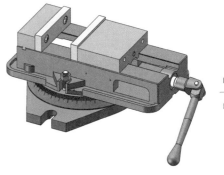

图 6-32 平口虎钳

表 6-8　　　　　　　　　　　专用铣床夹具的分类

类型	示例	说明
单件铣夹具		单件铣夹具一次只装夹一个工件，从而完成特定表面的加工。它按工件的主要定位基准面特征的不同，可分为外圆面定位夹具、内孔面定位夹具、平面定位夹具等

续表

类型	示例	说明
多件铣夹具	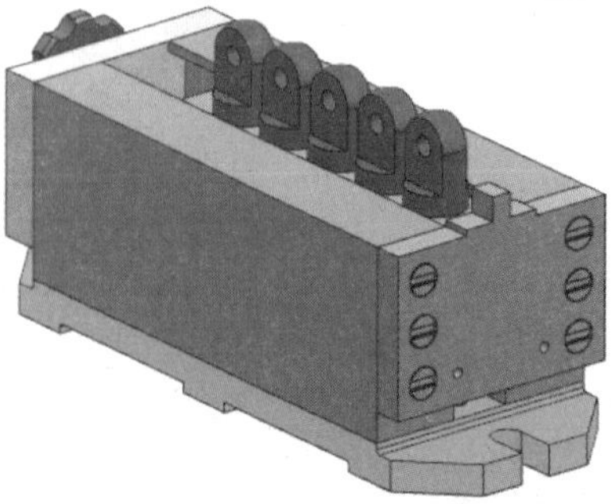	多件铣夹具一次装夹多个工件，同时完成多个工件相同特征面的加工。与单件铣夹具类似，它按工件的主要定位基准面特征的不同，可分为外圆面定位夹具、内孔面定位夹具、平面定位夹具等
分度铣夹具		分度铣夹具是用于对工件一次性装夹而完成多工位相同特征面加工的专用夹具。夹具结构包括固定部分和转动（或移动）部分。工件固定在转动（或移动）机构上，完成一个特征面的加工后，随可动部分机构转过一定角度或移动一定距离，对下一个特征面进行加工，直至完成全部加工内容

2. 铣床夹具设计要点

铣床夹具通过定位键安装在铣床工作台上，它依靠专门的对刀装置来决定铣刀相对于加工表面的位置。铣床夹具的设计要点如下：

（1）铣床夹具必须具有足够的夹紧力，以防工件在夹具中松动。这是因为铣削过程不是连续切削，加工余量一般较大，故切削力较大，且切削力的大小和方向随时可能变化，使切削过程中产生振动。

（2）铣床夹具应具有足够的刚度；工件的加工表面应尽量不超出夹具体或工作台外；在确保夹具具有足够排屑空间的前提下，应尽量降低夹具高度（建议高宽比不超过 1.25）。

（3）充分考虑工件毛坯状况。对于以铸件、锻件毛坯面定位的夹具，应以毛坯图作为设计夹具的依据，以免因毛坯余量尺寸和形状误差影响定位的可靠性和合理性。

（4）适时考虑增设辅助支承。为减轻毛坯误差和铣削中可能发生的变形，在薄弱部位要适当增设辅助支承，以提高夹具的总体刚度。

（5）铣床夹具应具有自锁功能，以防止工件在加工过程中因振动造成松脱现象。

（6）应考虑必要的对刀装置。正确选用对刀装置，以调整及确定夹具与铣刀的相对位置；对刀装置应设置在方便使用塞尺和易于观察的位置，并应放置在铣刀开始切入工件的一端。

（7）应具有足够的排屑空间。铣削过程会产生大量切屑，因此要安排足够的排屑、容屑空间，以确保排屑通畅；另外，根据加工的需要，要考虑切削液的浇入和排出。

3. 铣床夹具设计步骤

进行铣床夹具设计的步骤如下：

（1）要明确工件的加工工艺要求，分析工件图样所注明的加工精度、已加工和未加工表面，特别要明确未加工的铸造毛坯或锻造毛坯表面。

（2）要确定工件的加工方式和定位方案，选择合适的定位元件或支承元件，做出初步设计。

（3）确定夹紧方案，初步设计出夹紧机构和元件。

（4）考虑是否设置对刀装置，如果采用对刀装置，应根据工件加工表面的要求设计出对刀块等相关元件。

（5）确定夹具体结构，设计出夹具体与机床的连接方式。

设计完成后，应考虑对整个夹具的调整。例如，对某些定位元件、导向元件、夹紧元件、对刀元件等进行具体结构及尺寸的修改，使之满足设计功能要求。

任务实施

1. 明确设计任务

套筒零件图如图 6-30 所示，小批量生产，需设计在铣床上加工套筒零件上键槽的专用夹具。根据工艺规程，铣键槽前其他表面均已加工好，本工序的加工要求如下：

（1）键槽宽 $6^{+0.03}_{0}$ mm（由键槽铣刀保证）。

（2）槽两侧对称平面对 $\phi45h6$ 外圆轴线的对称度公差为 0.05 mm，平行度公差为 0.10 mm。

（3）槽深尺寸 8 mm。

2. 确定定位方案

（1）定位方案

根据工件的结构特点及加工精度要求，采用长 V 形块和支承套组合定位。

如图 6-33 所示，工件以外圆柱面在夹具长 V 形块上定位，消除两个移动和两个转动共四个自由度，另以外圆端面为定位基准，通过支承套端面可消除沿垂直方向的移动自由度，即消除工件的一个移动自由度，从而在夹具中实现不完全定位。

（2）定位元件

为实现上述定位方案，定位元件（见图 6-34）的选择如下：

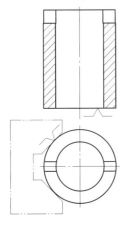

图 6-33 定位方案

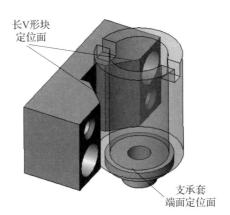

长V形块
定位面

支承套
端面定位面

图 6-34 定位元件

1）长 V 形块

以长 V 形块消除四个自由度。

2）支承套

将工件端面置于支承套支承面上，消除工件的一个自由度。

3. 确定夹紧方案

考虑到小批量生产，应以操作方便、快捷为主设计手动夹紧装置，故采用偏心夹紧机构，如图 6-35 所示。

根据夹紧力应朝向主要定位基准，并使其作用点落在工件刚度较高的部位的原则，在偏心轮与工件之间增加一个活动长 V 形块，使工件受力平衡。工作时扳动手柄，带动偏心轮转动，可使活动 V 形块左右移动，从而夹紧和松开工件。

为使活动长 V 形块移动平稳，增加了导向杆；同时为使偏心轮反向转动后工件能快速自动松开，在两 V 形块之间增加了弹簧，使操作更方便，如图 6-36 所示。

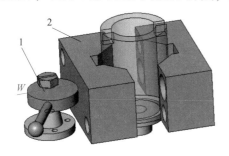

图 6-35　偏心夹紧机构
1—偏心轮机构　2—活动长 V 形块

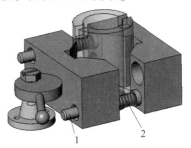

图 6-36　偏心夹紧机构中的导向和自动松开装置
1—导向杆　2—弹簧

4. 设计夹具结构

（1）定位装置

1）长 V 形块

长 V 形块在该夹具中是主要定位元件，消除工件的四个自由度。因其是标准件，故可在附表 13 中选取，本例选取"V 形块　24　JB/T 8018.1—1999"。

2）支承套

该元件的作用是消除工件的上下移动自由度，起支承作用。它以孔轴过渡相配的形式固定于夹具体中，其零件图如图 6-37 所示。

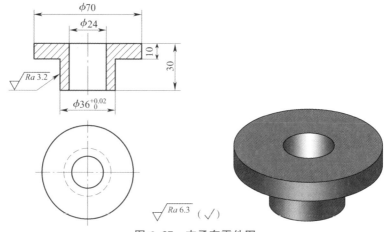

图 6-37　支承套零件图

（2）夹紧装置

1）偏心轮

该夹具采用偏心夹紧机构，根据活动 V 形块的行程设计偏心轮，其零件图如图 6-38 所示。

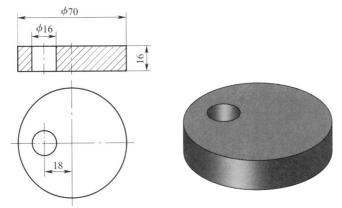

图 6-38 偏心轮零件图

2）偏心轮支架

该支架主要用于支承偏心轮，为使夹紧力平衡，该支架高度应能保证偏心轮安装后位于活动 V 形块高度方向的中间位置，其零件图如图 6-39 所示。

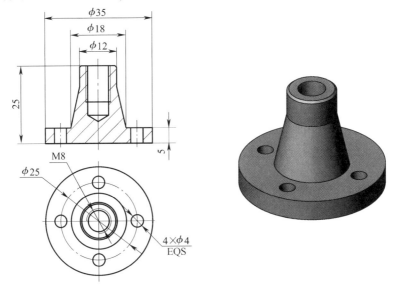

图 6-39 偏心轮支架零件图

（3）辅助装置

1）对刀块

铣槽时铣刀需要在两个方向上进行对刀，故采用直角对刀块配以塞尺进行对刀，直角对刀块零件图如图 6-40 所示。

2）定向键

为保证夹具体在机床上的位置正确，应在夹具体底部设置定向键。定向键可从附表 18 中直接选取。

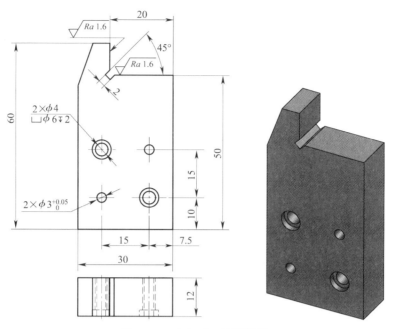

图 6-40　直角对刀块零件图

（4）夹具体

从被加工零件的尺寸、V 形块、导向装置及偏心夹紧装置的安装等方面考虑，以及为提高夹具在机床上安装的稳固性，应尽量使夹具重心降低，并防止变形和振动，夹具体零件图如图 6-41 所示。

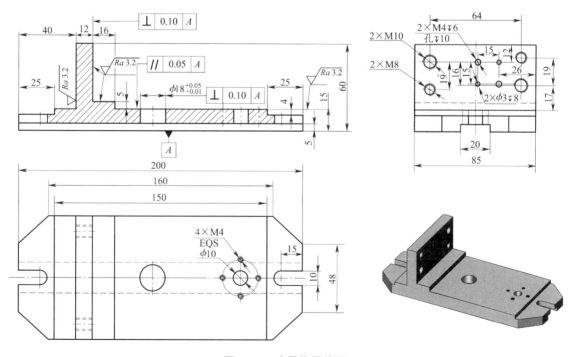

图 6-41　夹具体零件图

5. 绘制夹具总图

上述各种元件的结构和布置基本上决定了该铣床夹具的整体结构，所有部分设计完毕并组装后的铣套筒端部槽夹具总图如图 6-42 所示。

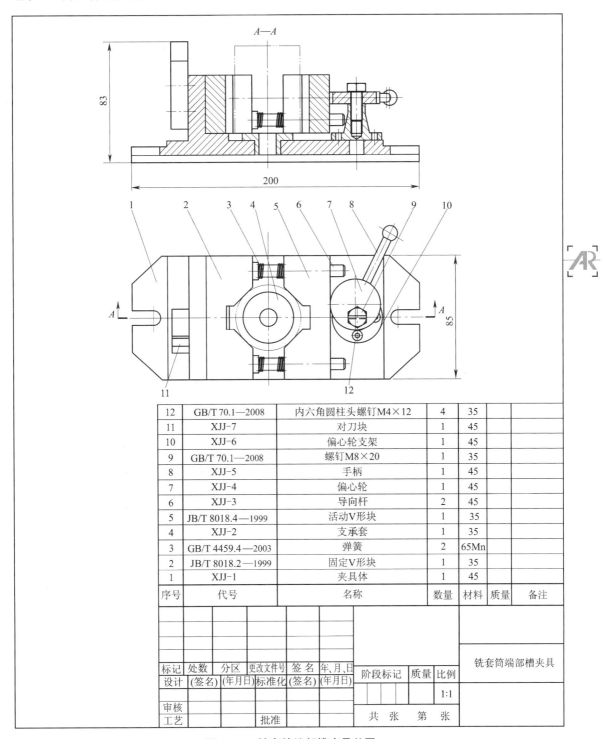

12	GB/T 70.1—2008	内六角圆柱头螺钉M4×12	4	35		
11	XJJ-7	对刀块	1	45		
10	XJJ-6	偏心轮支架	1	45		
9	GB/T 70.1—2008	螺钉M8×20	1	35		
8	XJJ-5	手柄	1	45		
7	XJJ-4	偏心轮	1	45		
6	XJJ-3	导向杆	2	45		
5	JB/T 8018.4—1999	活动V形块	1	35		
4	XJJ-2	支承套	1	35		
3	GB/T 4459.4—2003	弹簧	2	65Mn		
2	JB/T 8018.2—1999	固定V形块	1	35		
1	XJJ-1	夹具体	1	45		
序号	代号	名称	数量	材料	质量	备注

						铣套筒端部槽夹具
标记	处数	分区	更改文件号	签名	年,月,日	阶段标记 质量 比例
设计	(签名)	(年月日)	标准化	(签名)	(年月日)	1:1
审核						共 张 第 张
工艺		批准				

图 6-42　铣套筒端部槽夹具总图

✿✿ 知识链接

1. 联动夹紧机构

联动夹紧机构是指由一个原始作用力的作用同时实现若干个夹紧动作的机构。采用联动夹紧机构既可以简化操作，又可以简化夹具结构，节省装夹时间。因此，不仅在铣床夹具上使用，也常用于其他机床夹具。

联动夹紧机构可分为单件联动夹紧机构和多件联动夹紧机构。前者用于对一个工件进行多点夹紧，后者用于几个工件的同时夹紧。

（1）单件联动夹紧机构

单件联动夹紧机构可通过联动装置将一个原始作用力分散到工件的若干个夹紧点对工件进行夹紧。夹紧点的数量因工件形态和加工特点而异，常用的是双点联动夹紧机构。

1）单件双点对向联动夹紧机构

如图 6-43 所示为单件双点对向联动夹紧机构，该机构将两个压板对向安装，并利用杠杆原理将工件在两个夹紧点之间夹紧。其结构非常简单，空间占用量小，操作方便、灵活，适用于小型工件的装夹。

2）单件双点双向联动夹紧机构

如图 6-44 所示为单件双点双向联动夹紧机构，该机构将压板同向安装在需要夹紧的工件的两侧，并利用螺旋和杠杆原理将工件夹紧。其结构比单件双点对向联动夹紧机构稍复杂，但操作很方便，适用于中、小型工件的夹紧。

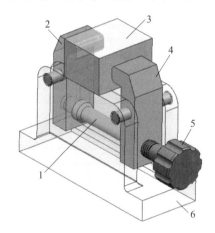

图 6-43 单件双点对向联动夹紧机构
1—对定销 2—左压板 3—工件
4—右压板 5—紧固螺栓 6—夹具体

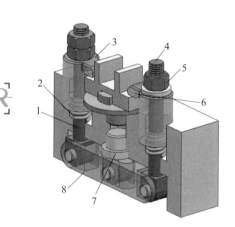

图 6-44 单件双点双向联动夹紧机构
1—拉杆 2—弹簧 3—左压板 4—紧固螺栓
5—紧固螺母 6—右压板 7—铰链座 8—杠杆

3）单件双点垂直联动夹紧机构

如图 6-45 所示为单件双点垂直联动夹紧机构，该机构将两个压板相互垂直地安装在工件的上表面和一侧表面上，并利用两个杠杆产生的作用力将工件进行夹紧。其结构比较紧凑，操作方便，且可同时在水平和垂直两个方向夹紧工件，适用于中、小型工件的夹紧。

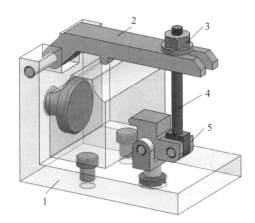

图 6-45　单件双点垂直联动夹紧机构
1—夹具体　2—水平压板　3—紧固螺母　4—螺栓拉杆　5—垂直压板

（2）多件联动夹紧机构

多件联动夹紧机构可通过联动装置将一个原始作用力分散到若干个工件的相应夹紧点对工件进行夹紧。根据夹紧形式的不同，可分为浮动压块多件联动夹紧机构、铰链压板多件联动夹紧机构和液体塑料多件联动夹紧机构。

1）浮动压块多件联动夹紧机构

如图 6-46 所示为浮动压块多件联动夹紧机构，该机构将浮动压块安装在两个工件的中间，并利用螺旋压力将工件夹紧。其结构紧凑，但受夹紧方式的限制，只适用于小型工件的装夹。

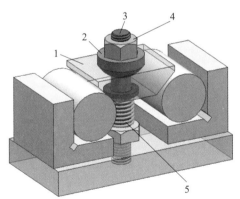

图 6-46　浮动压块多件联动夹紧机构
1—浮动压块　2—球面垫圈　3—紧固螺栓　4—紧固螺母　5—弹簧

2）铰链压板多件联动夹紧机构

如图 6-47 所示为铰链压板多件联动夹紧机构，该机构将两个铰链压板安装在平衡压板之上，并利用螺旋压力和活动铰链的杠杆作用将多个工件进行夹紧。其结构比较紧凑，但受结构的局限，只适用于小型工件的夹紧。

3）液体塑料多件联动夹紧机构

如图 6-48 所示为液体塑料多件联动夹紧机构，该机构依靠安装在翻盖压板上的多个挤压塞，利用螺旋推动液体塑料所产生的压力使挤压塞将多个工件进行夹紧。其结构比较简单，但受夹紧力限制，只适用于小型工件的夹紧。

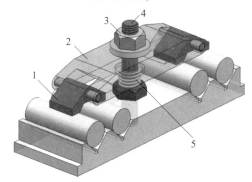

图 6-47　铰链压板多件联动夹紧机构
1—铰链压板　2—平衡压板　3—紧固螺母　4—紧固螺栓　5—弹簧

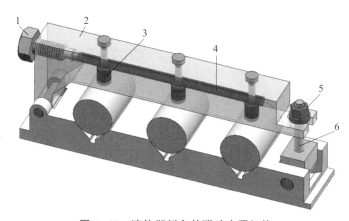

图 6-48　液体塑料多件联动夹紧机构
1—挤压螺钉　2—翻盖压板　3—挤压塞　4—液体塑料　5—紧固螺母　6—拉杆螺栓

2. 设计联动夹紧机构的注意事项

（1）要设置浮动环节。为了使联动夹紧机构的各夹紧点能同时、均匀地夹紧工件，各夹紧元件的位置应能协调浮动。

（2）同时夹紧的工件数量不宜太多。

（3）有较大的总夹紧力和足够的刚度。

（4）力求设计成增力机构，并使结构简单、紧凑，以提高机械效率。

思考与练习 ▶▶

1. 如图 6-49 所示为接头零件图，其他表面均已加工完成，本工序要求完成铣槽加工，试进行铣床夹具的设计（只画草图）。

2. 如图 6-50 所示为连杆零件图。铣连杆槽工序加工要求如下：槽宽 $45^{+0.1}_{0}$ mm，槽深 10 mm，槽的中心线至小孔中心线的距离为（38.5±0.5）mm，外形、底平面和 2 个 ϕ13H8 的孔都已加工完成，大批量生产，试进行铣床夹具的设计。

铣床夹具设计参考如图 6-51、图 6-52 所示。

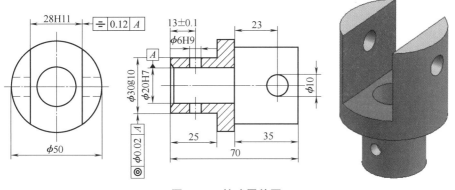

图 6-49　接头零件图

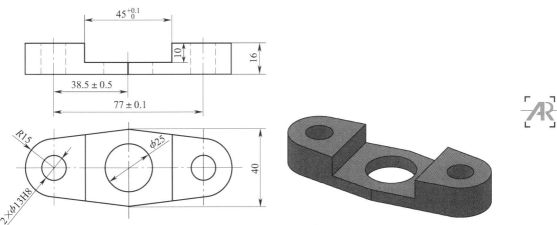

图 6-50　连杆零件图

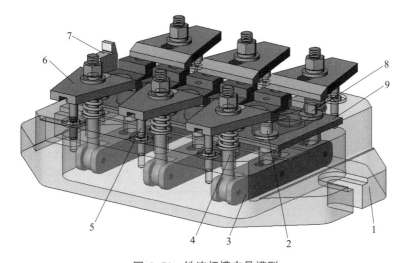

图 6-51　铣连杆槽夹具模型

1—夹具体　2—圆柱销　3—浮动杠杆　4—活节螺栓

5—螺旋辅助支承　6—压板　7—对刀块　8—削边销　9—支承板

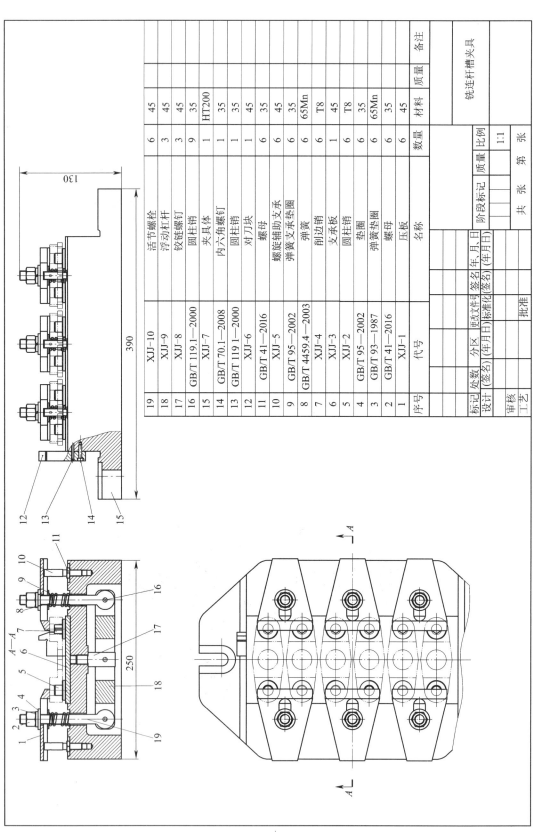

序号	代号	名称	数量	材料	质量	备注
19	XJJ-10	活节螺栓	6	45		
18	XJJ-9	浮动杠杆	3	45		
17	XJJ-8	铰链螺钉	3	45		
16	GB/T 119.1—2000	圆柱销	9	35		
15	XJJ-7	夹具体	1	HT200		
14	GB/T 70.1—2008	内六角螺钉	1	35		
13	GB/T 119 1—2000	圆柱销	1	35		
12	XJJ-6	对刀块	1	45		
11	GB/T 41—2016	螺母	6	35		
10	XJJ-5	螺旋辅助支承	6	45		
9	GB/T 95—2002	弹簧支承垫圈	6	35		
8	GB/T 4459.4—2003	弹簧	6	65Mn		
7	XJJ-4	削边销	6	T8		
6	XJJ-3	支承板	1	45		
5	XJJ-2	圆柱销	6	T8		
4	GB/T 95—2002	垫圈	6	35		
3	GB/T 93—1987	弹簧垫圈	6	65Mn		
2	GB/T 41—2016	螺母	6	35		
1	XJJ-1	压板	6	45		
序号	代号	名称	数量	材料	质量	备注

标记	处数	分区	更改文件号	签名	年,月,日				
			(签名)	(签名)	(年月日)		铣连杆槽夹具	
设计						阶段标记	质量	比例
审核		标准化						1:1
工艺		批准			共 张		第 张	

图6-52 铣连杆槽夹具总图

任务四 镗床夹具

知识点：

◎ 双支承镗模。

◎ 单支承镗模。

◎ 无支承镗模。

能力点：

◎ 能根据被加工零件的结构特点确定镗模结构类型。

任务提出

镗床夹具通常称为镗模，作为一种精密夹具，它主要用于箱体类零件上精密孔或精密孔系加工的装夹。如图 6-53 所示为镗削曲轴轴承孔用金刚镗床夹具，试分析其结构特点及工作原理。

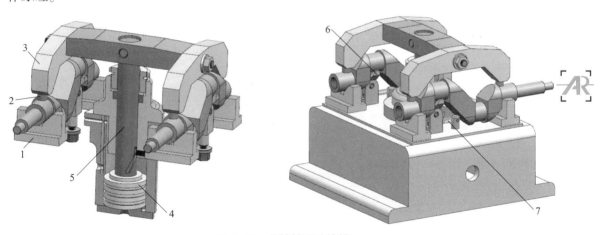

图 6-53 曲轴轴承孔镗模

1—V 形块　2—浮动压块　3—浮动压板　4—活塞　5—活塞杆　6—转动叉形块　7—弹簧

任务分析

镗床夹具类型众多，不仅在镗床上使用，也可在组合机床、车床及摇臂钻床上使用。镗模的结构与钻模相似，一般用镗套作为导向元件引导镗刀或镗杆进行镗孔。镗套按照被加工孔或孔系的坐标位置布置在镗模支架上。按镗模支架在镗模上的布置形式不同，可分为双支承镗模、单支承镗模和无支承镗模三类。

知识准备

1. 双支承镗模

双支承镗模上有两个引导镗杆的支承，镗杆与机床主轴采用浮动连接，镗孔的位置精度由镗模保证，消除了机床主轴回转误差对镗孔精度的影响。

（1）前后双支承镗模

如图 6-54 所示为镗削车床尾座孔的工序简图及其镗模，镗模的两个支承分别设置在刀具的前方和后方，镗杆和主轴之间通过浮动接头连接。工件以底面、槽、侧面在定位板及可调支承钉上定位，消除六个自由度。采用联动夹紧机构，拧紧夹紧螺钉，压板同时将工件夹紧。镗模支架上装有滚动回转镗套，用以支承和引导镗杆。镗模以底面 A 作为安装基面安装在机床工作台上，其侧面设置找正基面 B，因此可不设定位键。

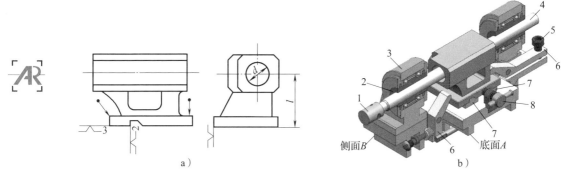

a）　　　　　　　　　　　　　　　b）

图 6-54　镗削车床尾座孔的工序简图及其镗模（已简化）
a）工序简图　b）镗模
1—浮动接头　2—镗套　3—支架　4—镗杆　5—夹紧螺钉　6—压板　7—定位板　8—可调支承钉

前后双支承镗模一般用于镗削孔径较大、孔的长径比 $L/D>1.5$ 的通孔或孔系，其加工精度较高，但更换刀具不方便。

当工件同一轴线上孔数较多，且两支承间距离 $L>10d$（d 为镗杆直径）时，在镗模上应增加中间支承，以提高镗杆刚度。

（2）后双支承镗模

如图 6-55 所示为采用后双支承镗模镗孔，两个支承设置在刀具的后方，镗杆与主轴浮动连接。为保证镗杆的刚度，镗杆的悬伸量 $L_1<5d$；为保证镗孔精度，两个支承的导向长度 $L>1.25L_1$。后双支承镗模可在箱体的一个壁上镗孔，此类镗模便于装卸工件和刀具，也便于观察和测量。

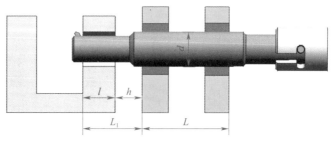

图 6-55　采用后双支承镗模镗孔

2. 单支承镗模

这类镗模只有一个导向支承，镗杆与主轴采用固定连接。安装镗模时，应使镗套轴线与机床主轴轴线重合。主轴的回转精度将影响镗孔精度。根据支承相对刀具的位置，单支承镗模又可分为前单支承镗模、后单支承镗模。

（1）前单支承镗模

如图 6-56 所示为采用前单支承镗模镗孔，镗模支承设置在刀具的前方，主要用于加工孔径 $D>60$ mm、长度 $L>D$ 的通孔。一般镗杆的导向部分直径 $d<D$。因导向部分直径不受加工孔大小的影响，故在多工步加工时可不更换镗套。这种布置也便于在加工中观察和测量。但在立式镗削时，切屑会落入镗套，应设置防屑罩。

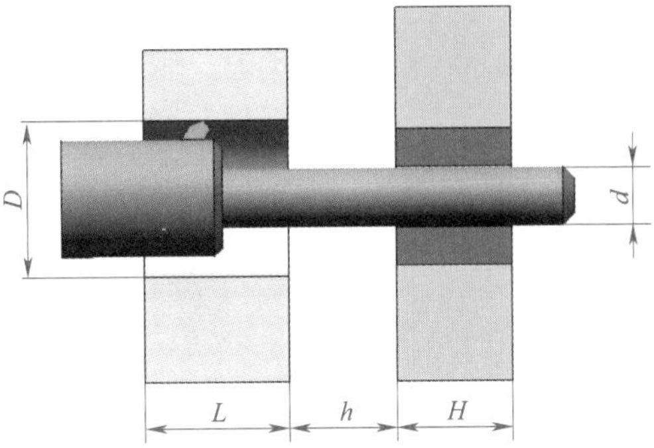

（2）后单支承镗模

图 6-56 采用前单支承镗模镗孔

如图 6-57 所示为采用后单支承镗模镗孔，镗套设置在刀具的后方。用于立式镗削时，切屑不会影响镗套。如图 6-57a 所示，当镗削 $D<60$ mm、$L<D$ 的通孔或盲孔时，可使镗杆导向部分的尺寸 $d>D$。这种形式的镗杆刚度高，加工精度高，装卸工件和更换刀具方便，多工步加工时可不更换镗杆。

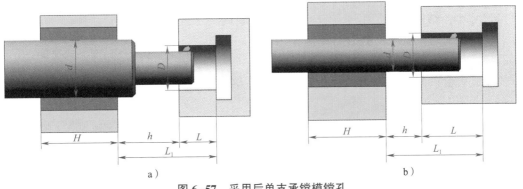

图 6-57 采用后单支承镗模镗孔
a）$L_1<D$　b）$L_1 \geq D$

如图 6-57b 所示，当加工孔长度 $L=(1\sim1.25)D$ 时，应使镗杆导向部分直径 $d<D$，以便镗杆导向部分可进入加工孔，从而缩短镗套与工件之间的距离 h 及镗杆的悬伸长度 L_1。为便于更换刀具及装卸和测量工件，单支承镗模的镗套与工件之间的距离 h 一般为 20～80 mm，常取 $h=(0.5\sim1.0)D$。

3. 无支承镗模

在刚度和精度高的金刚镗床、坐标镗床或数控机床、加工中心上对工件镗孔时，夹具上不设置镗模支承，加工孔的尺寸和位置精度均由镗床保证。这类夹具只需设计定位装置、夹紧装置和夹具体即可。

任务实施

如图 6-53 所示的镗削曲轴轴承孔用金刚镗床夹具只设计有定位装置、夹紧装置和夹具体。它用于卧式双头金刚镗床上同时加工两个工件，工件以两个主轴颈及其一个端面在两个 V 形块上定位。

装夹工件时，将前一个曲轴颈放在转动叉形块上。在弹簧的作用下，转动叉形块使工件的定位端面紧靠在 V 形块的侧面上。

当液压缸活塞向下运动时，带动活塞杆和浮动压板向下运动，使四个浮动压块分别从两个工件的主轴颈上方压紧工件；当活塞上升松开工件时，活塞杆带动浮动压板转动 90°，以方便装卸工件。

✱✱ 知识链接

1. 镗套

镗套的结构形式和精度直接影响被加工孔的精度。常用的镗套有固定式镗套和回转式镗套。

（1）固定式镗套

如图 6-58 所示的标准的固定式镗套［参见《机床夹具零件及部件 镗套》（JB/T 8046.1—1999）］与快换钻套结构相似，加工时镗套不随镗杆转动。A 型镗套不带油杯和油槽，靠镗杆上所开油槽润滑；B 型镗套带油杯和油槽，使镗杆和镗套之间能充分润滑。固定式镗套外形尺寸小，结构简单，精度高，但镗杆在镗套内一面回转，一面做轴向移动，镗套容易磨损，只适用于低速镗孔。一般摩擦面线速度 $v<0.3$ m/s。

图 6-58 固定式镗套
a）A 型镗套 b）B 型镗套

固定式镗套的导向长度为镗套孔径的 1.5~2 倍。

（2）回转式镗套

回转式镗套随镗杆一起转动，镗杆与镗套之间只有相对移动而无相对转动，从而减少了镗套的磨损，不会因摩擦发热出现"卡死"现象。因此，这类镗套适用于高速镗孔。

回转式镗套又分为滑动式和滚动式两种，其结构如图 6-59 所示。

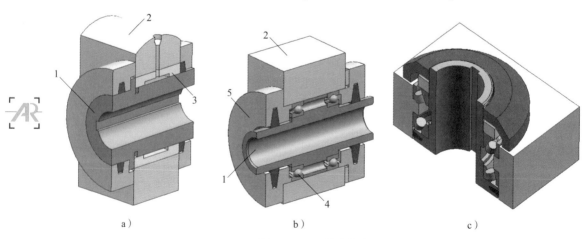

图 6-59 回转式镗套
a）滑动式 b）滚动式 c）立式滚动式
1—镗套 2—镗模支架 3—滑动轴承 4—滚动轴承 5—轴承端盖

1）滑动式镗套

如图 6-59a 所示为滑动式回转镗套，镗套可在滑动轴承内回转，镗模支架上设置油杯，经油孔将润滑油送到回转副，使其充分润滑。镗套中间开有键槽，镗杆上的键通过键槽带动镗套回转。

滑动式镗套的径向尺寸较小，适用于孔中心距较小的孔系加工，且回转精度高，减振性好，承载能力大，但需要充分润滑。摩擦面线速度不能大于 0.3 m/s，常用于精加工。

2）滚动式镗套

如图 6-59b 所示为滚动式回转镗套，镗套支承在两个滚动轴承上，轴承安装在镗模支架的轴承孔中，支承孔两端分别用轴承端盖封住。

滚动式镗套由于采用了标准的滚动轴承，因此设计、制造和维修方便，而且对润滑要求较低，镗杆转速可大大提高，一般摩擦面线速度 $v>0.4$ m/s。但径向尺寸较大，回转精度受轴承精度的影响。此时可采用滚针轴承以减小径向尺寸，采用高精度轴承以提高回转精度。

如图 6-59c 所示为立式滚动式回转镗套，其工作条件差。为避免切屑和切削液落入镗套，需设置防护罩。为承受轴向推力，一般采用圆锥滚子轴承。

滚动式回转镗套一般用于镗削孔距较大的孔系，当被加工孔的孔径大于镗套孔径时，需在镗套上开设引导槽，使装好刀的镗杆能顺利进入。为确保镗刀进入引导槽，镗套上有时还设置尖头键，如图 6-60 所示。

图 6-60 回转式镗套的引导槽和尖头键
1—引导槽　2—尖头键

2. 镗杆

（1）固定式镗套的镗杆

用于固定式镗套的镗杆导向部分结构如图 6-61 所示。当镗杆导向部分直径 $d<50$ mm 时，常采用整体式结构。

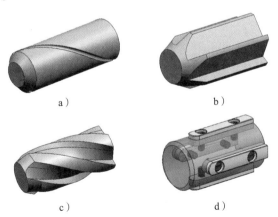

a)　　　　　　　　　　b)

c)　　　　　　　　　　d)

图 6-61 用于固定式镗套的镗杆导向部分结构

如图 6-61a 所示为开油槽的镗杆，镗杆与镗套的接触面积大，磨损大。若切屑从油槽内进入镗套，则容易出现"卡死"现象，但镗杆的刚度和强度较高。

如图 6-61b、c 所示为有较深直槽和螺旋槽的镗杆，这种结构可大大减小镗杆与镗套的接触面积，沟槽内有一定的存屑能力，可减少"卡死"现象，但其刚度较低。

当镗杆导向部分直径 $d>50$ mm 时，常采用如图 6-61d 所示的镶条式结构。镶条应采用摩擦因数小和耐磨的材料，如铜或钢等。镶条磨损后，可在底部添加垫片，重新修磨后使用。这种结构的摩擦面积小，容屑量大，不易"卡死"。

（2）回转式镗套的镗杆

回转式镗套的镗杆引进结构如图 6-62 所示。

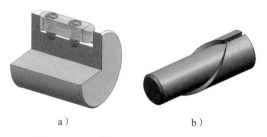

a）　　　　　　　　　　b）

图 6-62　回转式镗套的镗杆引进结构

如图 6-62a 所示在镗杆前端设置平键，键下装有压缩弹簧，键的前部有斜面，适用于开有键槽的镗套。无论镗杆从何处进入镗套，平键均能自动进入键槽，带动镗套回转。

如图 6-62b 所示的镗杆上开有键槽，其头部做成小于 45°的螺旋引进结构，可与图 6-60 所示的装有尖头键的镗套配合使用。

思考与练习 ▶▶

1. 镗床夹具按镗套不同设置可分为哪几种结构？各适合什么场合？
2. 镗套分为哪几类？各有什么应用特点？
3. 如何避免镗杆与镗套之间出现"卡死"现象？

新型机床夹具

在批量生产中，企业习惯于采用传统的专用夹具，一般具有中等生产能力的企业都会拥有数千甚至近万套专用夹具；对于多品种生产的企业，每隔几年就要更新 50%~80% 的专用夹具，而夹具的实际磨损量仅为 10%~20%，这些夹具往往很难得到重复使用。近年来，数控机床、加工中心、成组技术、柔性制造系统等新加工技术的应用对机床夹具提出了新的要求，现代机床夹具正朝着标准化、精密化、高效率和柔性化方向发展。具有柔性化特征的新型夹具种类主要有可调夹具、组合夹具、自动线夹具、数控机床夹具等。

任务一　可调夹具

知识点：

◎ 通用可调夹具。

◎ 成组可调夹具。

◎ 可调夹具设计原理。

能力点：

◎ 掌握可调夹具的结构特点和调整方式。

任务提出

在现代生产中，产品更新换代速度越来越快，专用夹具无法适应零件设计的微小变化，为此，可调夹具应运而生。如图 7-1 所示为可调夹具的应用示例，它们具有较强的适应性，能实现同一类型零件的加工。那么，可调夹具的结构特点及调整方式是怎样的？

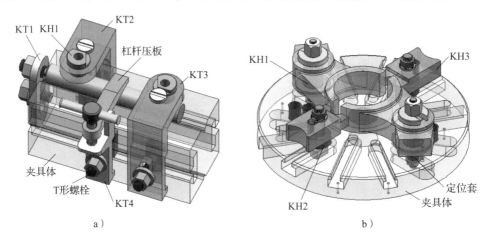

图 7-1　可调夹具

a）在轴类零件上钻径向孔的通用可调夹具

KH1—快换钻套　KT1—支承钉板　KT2、KT3—可调钻模板　KT4—压板座

b）拨叉车圆弧及端面成组车床夹具

KH1—可换定位轴　KH2—可换垫套　KH3—可换压板

任务分析

在多品种、小批量生产中，对不同类型和尺寸的工件，可调夹具具有明显优势，只要更换或调整原来夹具上的个别定位元件和夹紧元件便可使用。

由于可调夹具具有较强的适用性和良好的通用性，因此使用可调夹具可大量减少专用夹具的数量，缩短生产准备周期，降低成本。在现代生产中，这类夹具已逐步得到广泛使用。

知识准备

1. 可调夹具类型

可调夹具一般可分为通用可调夹具和成组可调夹具两种类型。

（1）通用可调夹具

在多品种、小批量生产中，由于每种产品的持续生产周期短，夹具更换比较频繁，为了减少夹具设计和制造的工作量，缩短生产技术准备时间，要求一个夹具不能只适用于一种工件，而要能适应结构和形状相似的若干种类的工件的加工，即对于不同尺寸或种类的相似工件，只需要调整或更换个别定位元件或夹紧元件即可使用，这类夹具称为通用可调夹具。通用可调夹具既具有通用夹具的通用性特点，又具有专用夹具效率高的长处。

如图 7-1a 所示为在轴类零件上钻径向孔的通用可调夹具。该夹具可加工一定尺寸范围内的各种轴类工件上的 1~2 个径向孔，所加工零件如图 7-2 所示。图 7-1a 中夹具体的上、下两面均设有 V 形槽，适用于不同直径工件的定位。支承钉板 KT1 上的可调支承钉用作工件的端面定位。夹具体的两个侧面都开有 T 形槽，通过 T 形螺栓，使可调钻模板 KT2、KT3 及压板座 KT4 做上、下、左、右调节。压板座上安装杠杆压板，用以夹紧工件。

图 7-2 钻径向孔的轴类零件

（2）成组可调夹具

用于成组工艺中的通用可调夹具称为成组可调夹具，简称成组夹具（又称专用可调夹具）。成组夹具和通用可调夹具在结构上十分相似，都是应用夹具结构可适当调整的原理设计的。只是通用可调夹具的加工对象不太明确，通用范围较大；而成组夹具是根据工件按成组工艺所分的组，为每一组工件所设计的，加工对象明确，其调整范围仅限于本组内的工件。

如图 7-1b 所示为加工拨叉叉部圆弧面及其一端面的成组车床夹具，两件同时加工。夹具体上有 4 对定位套（定位孔为 φ16H7），可用来安装 4 种可换定位轴 KH1，以及加工 4 种中心距不同的工件。若将可换定位轴安装在不同的 T 形槽内，则可加工中心距在一定范围内变化的各种零件。可换垫套 KH2 和可换压板 KH3 按零件叉部的高度选用，并固定在与两定位轴连线垂直的 T 形槽内，用作防转定位及辅助夹紧。

2. 成组夹具设计原理

成组夹具是在成组工艺基础上，针对一组工件的一个或几个工序，按相似性原理专门设计的。设计成组夹具时，需要注意工件的相似性原理与分类归族等问题。

（1）工件的相似性原理

1）工艺相似

工艺相似是指工件加工工艺路线相似，并能使用成组夹具等工艺装备。工艺相似程度不同的工件组所用的机床也不相同。工艺相似程度较高的工件组使用多工位机床，工艺相似程度较低的工件组则使用通用机床或单工序专用机床进行加工。

2）装夹表面相似

由于夹紧力一般应与主要定位基准垂直，因此，定位基准的位置是确定成组夹具夹紧机构的重要依据之一。

3）形状相似

形状相似包括工件的基本形状要素（外圆、孔、平面、螺纹、圆锥、槽、齿形等）和几何表面位置的相似。显而易见，工件的形状要素是成组夹具定位元件设计的依据。

4）尺寸相似

尺寸相似是指工件之间的加工尺寸和轮廓尺寸相近。工件的最大轮廓尺寸决定了夹具基体的规格尺寸。

5）材料相似

材料相似包括工件的材料种类、毛坯形式和热处理条件等。考虑到企业对有色金属切屑的回收，一般不宜将非同种材料的工件安排在同一成组夹具上加工。对具有不同力学性能的材料，则要求夹具设置夹紧力可调的动力装置。

6）精度相似

精度相似是指工件对应表面之间公差等级相近。为了保持成组夹具的稳定精度，不同精度的工件不应划入同一成组夹具上加工。

（2）工件的分类归族

设计前，先要按相似性原理将工件分类归族和编码，建立加工工件组并确定工件组的综合工件。

1）工件组是一组具有相似性特征的工件群，或称"族"。它们原来分别属于各种不同种类的工件。如图7-3所示就是按相似性建立的两个拨叉工件组，其外形上的主要差异是叉臂的宽窄不同和叉臂弯曲与否。工艺相似特征包括：铣端面→钻孔、铰孔→铣叉口平面→铣叉口圆弧面→钻孔、攻螺纹。用于这类工件的成组夹具的调整方式较有规则。

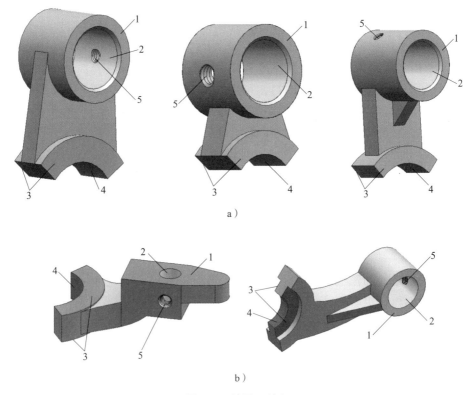

a）

b）

图7-3 拨叉工件组

a）第一工件组 b）第二工件组

1—铣端面 2—钻孔、铰孔 3—铣叉口平面 4—铣叉口圆弧面 5—钻孔、攻螺纹

2）综合工件又称合成工件或代表工件。综合工件可以是工件组中一个具有代表性的工件，也可以是一个人为假想的工件。它们都必须包含工件组内所有工件的相似特征要素。假

想的综合工件则需要另行绘制工件图。

任务实施

1. 结构特点

成组夹具和通用可调夹具在结构上十分相似，都由基础部分和调整部分组成。基础部分是成组夹具的通用部分，在使用中固定不变，主要包括夹具体、夹紧传动装置和操纵机构等，该部分结构主要根据工件组内各工件的轮廓尺寸、夹紧方式和加工要求等因素确定。调整部分通常包括定位元件、夹紧元件和刀具引导元件等，更换工件品种时，只需对该部分进行调整或更换元件，即可进行新的加工。

2. 调整方式

成组夹具的调整方式可分为更换式、调节式、综合式和组合式四种形式。

（1）更换式

更换式是指通过更换调整部分元件来实现组内不同工件的定位、夹紧、对刀或导向的方法。采用这种方法的优点是适用范围广泛，使用方法可靠，易于获得较高的精度。缺点是夹具所需要更换的元件数量较多，会使夹具制造费用增加，并给保管带来不便。此法多用于夹具精度要求较高的定位元件和导向元件。

（2）调节式

调节式是指借助改变夹具上可调元件位置来实现组内不同工件的装夹和导向的方法。采用这种方法所需的元件数量少，制造成本低，但调整所需时间较多，且夹具精度受调整精度的影响，此外，活动的调整元件有时会降低夹具的刚度。此法用于加工精度要求不高和切削力较小的场合。

（3）综合式

将上述两种方法综合起来，在同一套成组夹具中，既采用更换元件，又采用调节的方法。这种方式在实际生产中应用较多。

（4）组合式

组合式是指将一组工件的有关定位元件或导向元件同时组合在一个夹具体上，以适应不同工件的加工需要的方法。一个工件加工时只使用其中的一套元件，占据一个相应的位置。组合式成组夹具由于避免了元件的更换和调节，因而节省了夹具的调整时间。

❋ 知识链接

成组夹具的结构设计

成组夹具的设计方法与专用夹具相似，首先确定一个"合成工件"，该工件能代表组内工件的主要特征，然后针对"合成工件"设计夹具，并根据组内工件加工范围，秉持调整方便、更换迅速、结构简单的原则，设计可调整件和可更换件。零件组的尺寸分段应与成组夹具的"多件批量"相适应，当"多件批量"太大时，可减小尺寸分段范围。由于成组夹具能形成批量生产，因此可以采用高效夹紧装置，如各种气动和液压装置等。

1. 基础部分设计

基础部分的主要元件是夹具体。设计时应注意结构的合理性和稳定性。应保证在加工工件族内轮廓尺寸较小的工件时，结构不至于过于笨重；而加工轮廓尺寸较大的工件时，要有足够的刚度。成组夹具的刚度不足往往是影响加工精度的主要因素之一。因此，夹具体应采用刚度较高的结构。

基础部分的动力装置一般制成内装式。根据我国工艺技术的发展要求，优先采用液压装置。

调整件与夹具体连接的五种结构形式如图 7-4 所示。如图 7-4a 所示为 T 形槽结构，其优点是更换及调整迅速，用定位键定位可保证调整件的准确位置；缺点是尺寸较大，会增加夹具体的厚度。如图 7-4b 所示为坐标螺孔结构，调整费时，定位精度较低，清除切屑困难，但结构比较紧凑。如图 7-4c 所示的网格螺孔—定位槽结构则可弥补上述两种结构的部分缺点。如图 7-4d 所示的短 T 形槽和如图 7-4e 所示的燕尾槽结构均较紧凑，但工艺性较差。

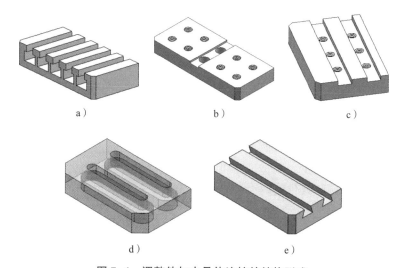

图 7-4　调整件与夹具体连接的结构形式
a）T 形槽　b）坐标螺孔　c）网格螺孔—定位槽　d）短 T 形槽　e）燕尾槽

2. 调整部分设计

为了保证调整元件能快速、正确地更换和调节，对调整元件的设计提出以下要求：

（1）结构简单，调整方便、可靠，元件使用寿命长，操作安全。

（2）调整件应具有良好的结构工艺性，能迅速装拆，满足对生产率的要求。

（3）定位元件的调整应能保证工件的加工精度和有关工艺要求。

（4）提高调整件的通用化和标准化程度，减少调整件的数量，以便于成组夹具的使用和管理。

（5）调整件必须具有足够的刚度，尤其要注意提高调整件与夹具体间的接触刚度。

思考与练习 ▶▶

1. 成组夹具的主要特点是什么？

2. 工件相似性原理的具体内容是什么？

任务二　组合夹具

知识点：

◎ 组合夹具的特点及应用场合。

◎ 组合夹具的类型和基本元件。

◎ 组合夹具的组装步骤。

能力点：

◎ 能根据组合夹具的结构特点进行组装。

任务提出

组合夹具是由一套预先制造好的具有不同几何形状、不同尺寸的高精度元件与组合件组成，使用时按照工件的加工要求，采用组合的方式组装成所需的夹具。如图 7-5 所示为钻、铰支承板上 ϕ20H7 深孔用组合夹具。试根据加工要求完成其组装工作。

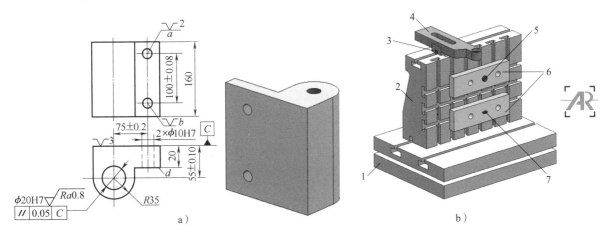

图 7-5　钻、铰支承板上 ϕ20H7 深孔用组合夹具

a）工序图　b）组合夹具（已简化）

1—基础板　2—基础角铁　3—导向板　4—钻模板　5—圆柱销　6—钻模板元件　7—削边销

任务分析

组合夹具是在机床夹具零部件标准化基础上发展起来的一种新型工艺装备，是一种标准化、系列化程度很高的柔性化夹具，并已商品化，其工作原理类似于"搭积木"。使用完毕，可将夹具拆开，擦洗并归档保存，以便于再次组装时使用。要完成组装任务，有必要学习组合夹具的特点及应用场合、基本元件及组装步骤。

知识准备

1. 组合夹具的特点及应用场合

（1）组合夹具的特点

组合夹具的特点见表 7-1。

表 7-1　　　　　　　　　　　　　　　　　　组合夹具的特点

特点	说明
可缩短生产的准备周期	组合夹具的各类标准元件均为预先制备的通用标准元件，只是在应用时根据生产的具体需要进行组装使用，夹具形成的组装时间都较短。组装一套中等复杂程度的组合夹具一般只需几小时，而若专门设计、制造一套同样功能的专用夹具，往往需要数百个工作小时，使用组合夹具可以使生产的准备周期大为缩短，这是组合夹具应用的一大特点
可节省大量工艺装备的费用支出	应用组合夹具可以节省大量的与专用夹具有关的各种费用。专用夹具为专门化应用，当产品的尺寸、规格发生变化，或者不再生产时，这种夹具即告报废，不能再利用。而组合夹具为重复性使用件，绝大部分元件的重复使用率都很高。推广应用组合夹具可以节省大量的专用夹具的设计、制造费用，以及大量的材料消耗费用，并可以减少夹具的库存量。一般情况下，组合夹具标准元件的备件规模与一定的生产规模相适应，基本上为一个常数，比较便于管理、储存。所以，在产品的品种多变、批量都不大的中等规模企业，科学地组织组合夹具的应用，可以有效降低工艺装备的费用支出。夹具元件的可重复使用性是组合夹具的又一大特点
适应性较好	组合夹具的组装结构形式视工件的具体安装及加工需要而定。由于组合夹具各元件本身都具有较高的精度和组装灵活性，其组装适应性较强。一般情况下，工件形状的复杂程度可以不受限制，很少遇到因工件几何形状特殊而不能完成组装的情况。夹具的组装精度也可以通过调装、检验过程中的修研和调整得到进一步保证
结构一般较笨重且刚度较低	各元件的组装性及其结构的标准性、通用性，使得单个元件的外形结构细节较复杂，需配套组装定位结构和连接结构。例如，槽系夹具的基础件、支承件需预制纵横交错的 T 形槽，以供定位、连接用，所以其外形结构一般较笨重。而各元件均靠螺钉、键、销等挤压连接，其组装接触环节较多，总体接触刚度为各环节的串联关系，一般连接刚度较低
初始投资较大	为保证组合夹具元件长期循环使用、反复拆装的要求，制造这些元件的材料应具有足够的强度、刚度、韧性，良好的耐腐蚀性和切削性能，所以多采用工具钢和优质合金钢制造。因此，元件的材料费用较高，加上元件的制造精度要求较高，其制造成本也较高

由于组合夹具的组装性、结构的多变性，需要一定数量的元件储备。一个一般规模的夹具组装站应具有约 20 000 个元件的储备量，足见使用组合夹具的初始投资较大。

（2）组合夹具的应用场合

组合夹具使用的临时性、组合性和多变适应性，使得组合夹具特别适用于生产准备周期很短的临时突击性生产任务，以及新产品的试制、品种多变的产品或单件小批量生产。但是，组合夹具应用的初始投资较大，其正常循环应用需要一定的生产规模相配合，所以一般多在大、中型企业得到较快的推广，并能长期取得较好的经济效益。对于制造业具有一定生产规模的小城市，可以建立专门的组合夹具站，统一进行组合夹具的拼装、租赁业务，这样就能有效地发挥组合夹具的优势。

2. 组合夹具的类型、基本元件和组装步骤

（1）组合夹具的类型

根据组合夹具组装时连接基面的形状，可将其分为槽系和孔系两大类。

1）槽系组合夹具

槽系组合夹具的连接基面为 T 形槽，元件由键和螺栓等元件定位及紧固连接。根据 T 形

槽的槽距、槽宽、螺纹直径不同，槽系组合夹具有大型、中型、小型三种系列，以适应不同尺寸的工件。

小型系列组合夹具主要适用于仪器、仪表和电信、电子工业，也可用于较小工件的加工。这种系列元件的螺栓规格为 M8×1.25，定位键与键槽宽的配合尺寸为 8H7/h6，T 形槽之间的距离为 30 mm。

中型系列组合夹具主要适用于机械制造工业，这种系列元件的螺栓规格为 M12×1.5，定位键与键槽宽的配合尺寸为 12H7/h6，T 形槽之间的距离为 60 mm。这是目前应用最广泛的一个系列。

大型系列组合夹具主要适用于重型机械制造工业，这种系列元件的螺栓规格为 M16×2，定位键与键槽宽的配合尺寸为 16H7/h6，T 形槽之间的距离为 60 mm。

2）孔系组合夹具

孔系组合夹具的连接基面为圆柱孔和螺孔，元件用两个圆柱销定位，一个螺钉紧固。根据孔径、孔距、螺钉直径不同，孔系组合夹具分为不同系列，以适应不同尺寸的工件。

孔系组合夹具比槽系组合夹具具有更高的刚度，且结构紧凑，常用于装夹小型精密工件，尤其适用于加工中心、数控机床等。我国近年制造的 KD 型孔系组合夹具的定位孔径为 16.01H6，孔距为（50±0.01）mm，定位销直径为 16k5，用 M16 的螺钉连接。

（2）组合夹具的基本元件

如图 7-6 所示为 T 形槽系组合夹具各类基本元件示例，下面介绍它们的常用元件及主要作用。

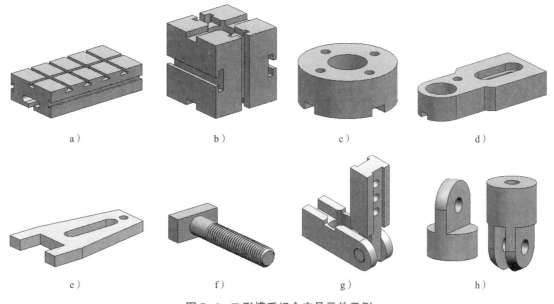

图 7-6 T 形槽系组合夹具元件示例
a）长方形基础件 b）方形支承 c）圆形定位盘 d）钻模板
e）压板 f）T 形螺栓 g）组合件 h）接头

基本元件包括基础件、支承件、定位件、导向件、压紧件、紧固件、组合件、其他件等，其外形结构及主要作用见表 7-2。

表 7-2   组合夹具基本元件的外形结构及主要作用

基本元件	外形结构及主要作用
基础件	基础件分为圆形、方形、长方形基础板和基础角铁等。基础件是整个组合夹具的夹具体，作为其他元件的安装基础。基础件具有一定的刚度，并设置有供元件安装的 T 形槽系统
支承件	支承件包括各种方形支承、长方形支承、角度支承、角铁等。支承件主要用作不同高度的垫块及支承用
定位件	定位件包括各种定位销、定位盘、定位座、定位键、V 形块、T 形键、直键等，此外，还有各种心轴、顶尖、对定销、定位板、支座（三棱、六棱、四方形）、定位支承及调整块等。定位件主要用作各单元确定准确的相互位置关系及为工件和机床提供定位
导向件	导向件包括各种钻套、钻模板、镗孔支承、导向支承等。导向件主要用来引导刀具（如钻头、镗杆等）
压紧件	压紧件主要有各种压板、压脚，包括平压板、开口压板、伸长压板、回转压板等。压紧件用来压紧工件及组合元件，由于压板表面都经磨光，也常用于限位挡板、连接板和垫铁等其他用途
紧固件	紧固件主要包括各种 T 形螺栓、关节螺栓、钩头螺栓、双头螺柱及其他特殊结构的螺母、垫圈等。紧固件用来紧夹夹具上的各种散件及组件
组合件	组合件又称合件，是由数个元件组成的独立部件。组合件按用途不同有定位组合件、分度组合件、支承组合件、导向组合件、夹紧组合件等，按结构有顶尖座、回转顶尖、可调 V 形架、折合板、分度盘、可调支座、可调角度转盘等
其他件	其他件包括连接件、滚花手柄、各种支钉和支承帽、平衡弹簧、平衡块、接头、摇板、摇块等。其他件是组合夹具中的辅助元件

（3）组合夹具的组装步骤

组合夹具的组装过程有些类似一部夹具的总体设计过程。确定组合夹具的总体结构首先需要由工件的加工精度、工件的定位和夹紧的要求，确定夹具的定位、夹紧组装结构方案，并根据加工工艺方法、加工机床的类型，决定夹具基础件的结构类型；由工件的尺寸决定基础件的尺寸规格，最后把各定位元件、夹紧元件及其他辅助元件通过各种支承件、连接件，将它们与基础件之间的空间填满，形成组合夹具的基本形状。再接下来便是组装细节的考虑，具体是确定各支承板相对基础件的定位、连接方法及其调整方法，各组合件的具体组成，最后才是夹具的试装过程和正式连接。连接及组装过程就是不断测量、检验与修研，直至夹具完全组装成功的过程。

夹具的组装应保证其有足够的刚度，结构应尽量简单而合理。组合夹具的组装步骤见表 7-3。

表 7-3   组合夹具的组装步骤

步骤	说明
组装前的调查及准备工作	组装夹具前，首先应了解工件的加工要求，包括加工工序内容、加工精度要求、切削用量大小、毛坯质量情况、切削刀具的有关参数、结构及加工机床工作台、主轴连接条件等，明确夹具组装要点和需要重点解决的问题。另外，应了解库存夹具元件的备品，做到心中有数
设计组装方案	设计组装方案，即确定工件的定位、夹紧、其他辅助结构方案，确定夹具基础件及支承件的结构、形状和相互位置。结构较简单的组合夹具，可直接考虑试装。中等以上复杂程度夹具的层次较多，各元件相互之间的安装关系较为密切，一个元件的改动或调整，会影响周围若干元件和组件的位置与结构、形状。为避免及减少对复杂夹具的组装和调整过程中有较大的返工，应对夹具的组装方案进行总体设计。通过总体设计确定主要元件、关键组合件的安装顺序、安装精度。对多层次结构进行适当的装配尺寸链计算，以确定各重要环节组装前所应达到的精度，确定修配环的位置及其修配余量。最后，要确定最终组装的各项精度指标和检验方法

续表

步骤	说明
试装	试装是在初步确定定位、夹紧、引导方案以及其他主要结构后，先试装一下，以便对重要元件的相应精度进行检验、配研，对夹具的结构方案细节进行修改、补充，以免正式组装时造成较大的返工工作量。试装和正式组装时，最好有工件的实物做对照，以便考虑工件的定位、夹紧和装卸空间及刀具的运动空间
组装连接	组装连接即按照预先确定好的组装方案由里向外，由下到上依次进行正式安装。在装配过程中，应注意保持各接合面的紧密、牢固。具有间隙的闭式连接应注意接触方向，以使装配的累积误差尽量小。正式组装过程实际是组装、检测、修研反复交替进行的过程。夹具重要定位元件间的位置公差要求应为工件相应位置公差要求的 1/5~1/3。对较高精度的装配要求，可以采用专门修配环节的选配、互研、补偿装配和定向装配法，以满足夹具组装精度的要求
检验	检验过程与组装过程实际上是紧密结合在一起的。组装的最后阶段需要进行总装精度的总体检验，其内容根据工件的加工精度要求、夹具的安装条件确定，重点是检验夹具的对定元件及定位元件之间的平行度、垂直度和圆跳动等相互位置精度。检验时，应注意尽量使测量基准与定位基准相重合，以使检验值直接反映定位精度情况；测量同一方向上的几个尺寸时，应取统一的测量基准，以免产生不必要的累积误差及换算问题；同时应注意检查夹具的夹紧可靠性和刚度，是否会产生较大的夹紧变形，高速回转夹具是否满足静平衡条件等；最后应检查是否有细小的配件被遗漏，如键、销、压板等

任务实施

如图 7-5 所示钻、铰支承板上 $\phi20H7$ 深孔用组合夹具的组装步骤如下：

1. 组装前的准备

如图 7-5a 所示为工件的工序图。工件为一小尺寸支承板，平面 C 和 2 个 $\phi10H7$ 孔均在前工序完成加工，本工序内容为钻、铰 $\phi20H7$ 深孔，要求此孔轴线相对于基准平面 C 保持平行度公差 0.05 mm、尺寸公差（75±0.20）mm 和（55±0.10）mm 的要求。其孔径尺寸直接由铰刀保证。

由以上要求可以看出，0.05 mm 的平行度公差为主要加工精度要求，其次是尺寸 55 mm 的 0.20 mm 公差要求，最后是尺寸 75 mm 的 0.40 mm 公差要求，故设计夹具时应重点保证将来的钻套轴线相对安装基面 C 的平行度公差要求。

2. 确定组装方案

考虑到工件的外形结构及已成形表面的具体情况，夹具采用平面双销组合定位为工位提供定位基准依据。工件利用平面 C 作为第一定位基准，利用 2 个 $\phi10H7$ 孔作为第二、第三定位基准，以保证各定位基准与相应工序基准相重合。

夹具选择两块具有中心孔的钻模板元件，以其安装的右端面来形成第一定位基准依据。考虑到平面上需设置两个 $\phi10H7$ 的定位销，并要保证两者间距（100±0.08）mm 的要求，才直接采用两块标准钻模板组成夹具的平面双销定位系统，并由标准量块来保证两孔的间距。深孔 $\phi20H7$ 的轴线相对 C 面的距离（55±0.10）mm 及相对双销孔的距离（75±0.20）mm 由钻模板的安装位置来保证，如图 7-7 所示。

工件的夹紧选择 d 面为压紧表面，使压板的压紧力直接作用在 $\phi20H7$ 孔旁边的凸缘处，既保证了夹紧的稳定、可靠，也避免了孔壁材料的压紧变形。

上述定位、夹紧系统，采用基础板、基础角铁与机床相联系，以保证工件相对机床及刀具的空间位置关系。

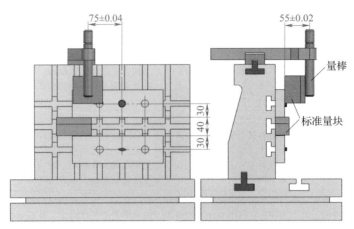

图 7-7　组装尺寸的保证

3. 试装及组装

整个夹具结构简单，位置关系较严格的元件只有钻模板元件和钻模板，而且相互间位置变动容易，不受其他结构的影响，试装和正式组装合并为一个大步骤。具体组装步骤见表 7-4。

表 7-4　　　　　　　　　　　　　　　　　　　　　组装步骤

步骤	说明
基础板和角铁的连接	通过 T 形键和穿过基础板底部的贯通螺栓将基础板和角铁连接，形成夹具的主体框架结构
钻模板元件的连接	通过 T 形键将两块钻模板元件与角铁相连接，两块钻模板的中孔分别装有圆柱销和削边销，两销间距为（100±0.015）mm，由量块保证
导向板的连接	在钻模板的钻套中插入量棒，由量块控制量棒至钻模板元件的距离，以保证尺寸（55±0.02）mm 的要求，满足导向板、钻模板相对角铁的位置。经反复修研合格后，用螺钉将导向板加以紧固，此时钻模板相对于导向板间的位置关系为试装关系
钻模板的连接	调整并控制钻模板孔中的量棒至两定位销间的距离，保证尺寸（75±0.04）mm，最后把钻模板加以紧固
检验	组装完毕，最终检验 4 个尺寸及位置精度。用量块及百分表检查尺寸（55±0.02）mm、（75±0.04）mm、（100±0.015）mm，并用百分表、量棒检查平行度公差 0.01 mm 的要求。最后检查夹具各处连接的牢固性及夹具组装后的刚度

✿ 知识链接

模块化夹具（拼装夹具）

模块化夹具是一种柔性化夹具，通常由基础件和其他模块元件组成。

模块化是指将同一功能的单元设计成具有不同用途或性能的且可以相互交换使用的模块，以满足加工需要的一种方法。同一功能单元中的模块是一组具有同一功能和相同连接要素的元件，也包括能增加夹具功能的小单元。

模块化夹具与组合夹具之间有许多共同点：它们都具有方形、矩形和圆形基础件；在基础件表面有坐标孔系。两种夹具的不同点是组合夹具的万能性好，标准化程度高；而模块化夹具则为非标准的，一般是为本企业产品中工件的加工需要而设计的。产品品种不同或加工方式不同的企业，所使用的模块结构会有较大差别。

如图 7-8 所示的手动滑柱式钻模为典型的模块化夹具，钻模板由螺母紧固在齿条轴和两个滑柱上。转动手柄可以使斜齿轮轴旋转，并带动齿条轴使钻模板上升或下降，从而完成工件的松夹，同时借助斜齿轮轴上的圆锥体得到自锁。

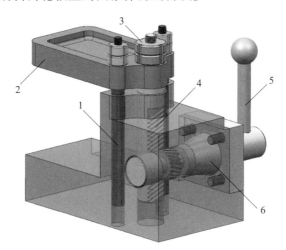

图 7-8　手动滑柱式钻模
1—滑柱　2—钻模板　3—螺母　4—齿条轴　5—手柄　6—斜齿轮轴

模块化夹具适用于成批生产的企业。使用模块化夹具可大大减少专用夹具的数量，缩短生产周期，提高企业的经济效益。模块化夹具的设计依赖于对本企业产品结构和加工工艺的深入分析和研究，如对产品加工工艺进行典型化分析等。在此基础上，合理确定模块的基本单元，以建立完整的模块功能系统。模块化元件应有较高的强度、刚度和耐用性，常用 20CrMnTi、40Cr 等材料制造。

思考与练习 ▶▶

1. 组合夹具有什么特点？T 形槽系组合夹具由哪几部分组成？
2. 试述组合夹具的组装步骤。

任务三　自动线夹具

知识点：

◎ 自动线。

◎ 固定自动线夹具。

◎ 随行夹具。

能力点：
◎ 了解固定自动线夹具必须解决的问题。
◎ 了解采用随行夹具应注意的问题。

任务提出

自动线是由多台自动化单机借助工件自动传输系统、自动线夹具、控制系统等组成的一种加工系统。如图7-9所示为一钻孔自动线夹具三维模型，试说出其类型及工作过程。

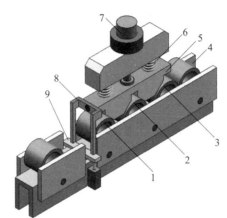

图7-9　钻孔自动线夹具三维模型
1—已加工工件　2—加工工件　3—待加工工件　4—滚道槽
5—悬挂式钻模板　6—弹簧　7—主轴　8—压杆　9—限位器

任务分析

在机械加工中，通常机动时间不到总工时的50%，其余一半以上的时间都用在装夹工件等辅助工作上。在自动化高效生产中，广泛地应用各种自动线夹具，它是减少辅助时间、实现加工自动化和减轻工人劳动强度的重要途径之一。这类夹具一般以气动、液压、电动和机动等为动力源，具有自动送料、排料、隔料、卸料等功能的自动送料装置，即可实现工件的自动化加工和装卸，并在各类自动作业线及柔性制造系统中使用。

知识准备

自动线夹具可分为固定自动线夹具和随行夹具两大类型。由于它们被应用于自动化作业线上，因此结构上具有自动线加工的一些特点。

1. 固定自动线夹具

固定自动线夹具是指固定在工位上，不随工件的输送而移动的夹具。这类夹具同普通的机床夹具相似，用在固定的工位上装夹工件。当作业线上使用了随行夹具时，各工位上的固定自动线夹具用来装夹随行夹具。

由于采用自动线加工或流水作业，根据其工作特点，固定自动线夹具必须解决相关问题，见表7-5。

表7-5 固定自动线夹具必须解决的问题

问题	说明
适应工件的自动送料和装卸问题	自动线或流水作业上的工件均为自动送料，且多为自动卸料，机床夹具应能适应工件的自动输送、装夹的要求。一般情况下，常用输送机构多设置在工件底部。若工件质量较小，也可采用吊挂结构由夹具上方穿过。无论采用哪种输送方式，夹具均应保证使工件具有良好的通过性，在夹具结构上留出相应的空间。若送料机构配备有自动起落装置，夹具体上应设置相应的托架、滚轮支座等结构，或给送料机构预留出必要的安装支件件的位置
自动定位、自动夹紧问题	工件经输送机构自动送入工位，在工位上应解决预定位和自动插销引入问题。自动线夹具多采用平面双销定位。为不影响工件的输送，双销多设计成自动伸缩式结构。若要输送工件，双销缩回输送平面或定位平面以内；需要插销定位时，双销伸出，为能顺利地将双销引入定位孔，销体头部均设有引导锥。为不影响工件的输送，夹紧机构常采用自动摆头的螺旋压板。另外，夹具对工件所做的各种动作，包括工件的定位、夹紧、辅助支承及其锁紧、切削后的松锁、松夹、拔销、输送等动作均应严格保证先后顺序，前一动作没到位，不允许进行下一动作。这种严格的顺序关系有时需要在夹具上设置相应的联动机构、互锁机构、行程控制机构、顺序控制机构等来保证
清屑问题	自动加工中的顺利断屑、排屑和清屑一直是影响高效切削的一个重要因素。作为自动线夹具，应在结构上更多地考虑顺利排屑问题，应适当地设置斜面、容屑槽、清屑刮板等自动排屑结构。对于铸铁屑，还应注意清理好夹具定位表面，设置必要的压缩空气吹屑装置和毛毡刮板。带有切削液的工位，应注意导向板、预定位板的设置应远离切屑及切削区
润滑及磨损问题	夹具或工位应设有自动润滑或定期润滑装置，加强对各滑轨、导板输送面的自动润滑，尽量减少机构的磨损。若工件较重时，更应注意把输送基面与工件的定位基准面分开；工件较轻时，可考虑将滑动摩擦改为滚动摩擦

2. 随行夹具

随行夹具是指自动线、流水线上随同工件一起移动而完成各工位转换加工的夹具。它主要应用于那些外形不规则、无良好输送基面的复杂轮廓工件，如各种拨叉、曲杆、支架类工件。此类工件难以在输送线上实现稳定而理想的输送及安放，可以把它们预先安装在自动线随行夹具中，由自动线随行夹具上良好的输送结构完成工件各道加工工序间的输送转换。对于某些材质较软、不易直接输送的工件，也可以利用随行夹具装夹和输送。

（1）带有随行夹具的作业线特点

在带有随行夹具的自动线或流水线上，随行夹具将带着安装在其中的工件一起走完除钳加工以外的绝大多数机加工工位，并依靠随行夹具上较为稳定、可靠的输送基面和安装基面，在各工位的固定夹具上完成二次定位和夹紧。所以，这类作业线各工位固定夹具的定位、夹紧结构基本上是相同或相似的，而且一般多采用平面双销定位方案。这样可以大大简化整个作业线固定夹具的设计工作，减少夹具的品种数量、设计及制造工作量，提高夹具间的结构互换程度，以利于夹具的统一维护、管理和调整。

由于随行夹具带动工件一起运行，可以借助随行夹具完成部分清屑工作。在自动线上，经常利用工件翻转的机会倒屑、清屑。因此，随行夹具经常附带容屑盘，以及时带走工位上的大部分切屑。

（2）采用随行夹具时应注意的问题

随行夹具在自动线上高效率循环使用时，其输送基面极易磨损，所以应考虑采用镶块结构、滚动结构等措施减少输送面的磨损。定位精度要求较高时，应将随行夹具的输送基面与定位基面分开。甚至也可以把粗加工定位基面与精加工定位基面分开，以保证精基准面的定位精度。

由于使用随行夹具导致工件相对于机床、刀具之间的定位尺寸环节增加，定位误差增大，因此，随行夹具的定位精度和制造精度要求较高，从而增加了制造工艺难度和成本。

若工件和随行夹具的质量较小，为防止定位销插销时会向上顶起工件，应在夹具上设置防抬起装置。一般多利用输送工件、夹具的引导装置的导槽、凸键等结构卡住随行夹具，防止工件被定位销顶起。

任务实施

如图 7-9 所示为一套自动线上使用的自动钻孔固定夹具，用于套筒工件上径向孔的加工。工件在进入夹具滚道槽前，可由专门的送料装置，通过排料、理料、顺料机构将工件依次理齐、顺好方向，并沿着倾斜的放料槽滚入夹具的入口处。

在工件进入夹具滚道槽 4 后，由左、右导向板限制进行轴向定位。悬挂式钻模板 5 同时起到工件在 V 形槽中的定位和隔料作用。

在主轴移向工件的同时，钻模板在弹簧 6 的作用下完成对工件的定位与压紧后开始钻孔。钻模板左端连接的压杆 8 此时压下限位器 9，从而使前一个已加工好的工件滚至下道工序。

钻孔结束后，钻模板抬起，限位器上移，挡住刚加工好的工件 2，使其无法滚动，以使后续工件逐个滚入加工工位，此时的加工工件 2 对待加工工件 3 起到预定位作用。

至此，夹具完成一个自动工作循环。

知识链接

数控机床夹具

数控加工具有工序集中的特点，较少出现工序间的频繁转换，而且工序基准确定后一般不能变动，这是因为数控加工的基准大多以坐标确立，一旦卸下工件，便难以再找到原坐标原点。因此，即使是批量生产，数控加工也大多使用可调夹具、成组夹具和模块化夹具，尤其是加工中心的夹具更为简单，通常仅由支承件、压板、夹紧件、紧固件等组成。

数控机床夹具具有高效化、柔性化和高精度的特点，设计时，除了应遵循一般夹具设计的原则外，还应注意以下几点：

第一，数控机床夹具应有较高的精度，以满足数控加工的精度要求。

第二，数控机床夹具应有利于实现加工工序的集中，即可使工件在一次装夹后能进行多个表面的加工，以减少工件的装夹次数。

第三，数控机床夹具的夹紧应牢固可靠、操作方便；夹紧元件的位置应固定不变，防止在自动加工过程中元件与刀具相碰。

1. **数控车床夹具**

通常将数控车床夹具分为两种基本类型，一类是安装在主轴上的夹具，这类夹具和主轴连接并带动工件随主轴一起旋转，除了三爪自定心卡盘、四爪单动卡盘、顶尖等通用夹具外，往往根据需要设计各种心轴或其他专用夹具。另一类是安装在滑板或床身上的夹具，用于装夹某些形状不规则、尺寸较大的工件，这种情况下，刀具安装在车床主轴上做旋转运动，夹具做进给运动。这类夹具一般只在缺少镗床的情况下采用。

2. 数控铣床夹具

数控铣削时，一般不要求使用很复杂的夹具，只要求有简单的定位、夹紧机构即可。其设计原理和通用铣床夹具相同，对数控铣床夹具的基本要求如下：

（1）为保持工件装夹方位与机床坐标系和编程坐标系方向的一致性，夹具应能保证在机床上实现定向装夹，并能协调工件定位面与机床之间保持一定的坐标尺寸联系。

（2）为保证工件在本工序中所有需要完成的待加工表面充分暴露在外，夹具要做得尽可能开敞，因此，夹紧元件与加工面之间应保持一定的安全距离，同时要求夹紧元件尽量降低高度，以防止夹具与铣床主轴套筒或刀套、刀具在加工过程中发生碰撞。

（3）夹具的刚度与稳定性要好。尽量不采用在加工过程中更换夹紧点的设计，当一定要在加工过程中更换夹紧点时，特别要注意不能因更换夹紧点而破坏夹具或工件的定位精度。

数控铣削加工常用的夹具有组合夹具、专用铣削夹具、多工位夹具、气动或液压夹具、真空夹具等，它们的具体应用情况见表7-6。

表7-6　　　　　　　　　　　　常用数控铣床夹具的应用情况

种类	应用情况
组合夹具	组合夹具适用于小批量生产或研制时的中、小型工件在数控铣床上进行铣削加工
专用铣削夹具	专用铣削夹具是指特别为某一项或类似的几项工作设计及制造的夹具，一般在批量生产或研制时非用不可的情况下采用
多工位夹具	多工位夹具可以同时装夹多个工件，可减少换刀次数，也便于一边加工一边装卸工件，有利于缩短准备时间，提高生产率，较适宜于中批量生产
气动或液压夹具	气动或液压夹具适用于生产批量较大，采用其他夹具又特别费工、费力的工件。这类夹具能减轻工人的劳动强度，提高生产率，但其结构较复杂，造价往往较高，而且制造周期长
真空夹具	真空夹具适用于有较大定位平面或具有较大可密封面积的工件。有的数控铣床（如壁板铣床）自身带有通用真空夹具

除上述几种夹具外，数控铣削加工中也经常采用机用平口虎钳、分度头和三爪自定心卡盘等通用夹具。

3. 数控钻床夹具

数控钻床是指采用数字控制的以钻削为主的孔加工机床。在数控机床的发展过程中，数控钻床的出现较早，其夹具设计原理与通用钻床相同，结合数控钻削加工的特点，在夹具的选用上应注意的问题如下：

（1）优先选用组合夹具。对中、小批量且经常变换品种的加工，使用组合夹具可节省夹具费用和准备时间。

（2）选择合理的定位点和夹紧点。在保证工件加工精度和夹具刚度的情况下，尽量减少夹压变形，选择合理的定位点和夹紧点。

（3）设法提高生产率。对于单件加工工时较短的中、小型工件，应尽量减少装卸、夹压时间，采用各种气动、液压夹具和快速联动夹紧方法以提高生产率。

（4）充分利用工作台的有效面积。为了充分利用工作台的有效面积，对中、小型工件可考虑在工作台面上同时装夹几个工件进行加工。

（5）避免干涉。在切削加工时，绝对不允许刀具或刀柄与夹具发生碰撞。

（6）必要时可在夹具上设置对刀点。对刀点可在工件上，也可以在夹具或机床上，但必须与工件定位基准有一定的坐标关系。

4. 加工中心机床夹具

加工中心机床是一种功能较全的数控加工机床。在加工中心上，夹具的任务不仅是夹紧工件，而且还要以各方向的定位面为参考基准，确定工件编程零点。在加工中心上加工的工件一般比较复杂，工件在一次装夹中，既要粗铣、粗镗，又要精铣、精镗，需要多种多样的刀具，这就要求夹具既能承受大切削力，又要满足定位精度要求。加工中心的自动换刀（automatic tools change，ATC）功能又决定了在加工中不能使用支架、位置检测及对刀等夹具元件。加工中心的高柔性要求其夹具比普通机床夹具结构紧凑、简单，夹紧动作迅速、准确，尽量减少辅助时间，操作方便、省力、安全，而且要保证足够的刚度，还要灵活多变。

根据加工中心机床的特点和加工需要，目前常用的夹具结构类型有专用夹具、组合夹具、可调整夹具和成组夹具。

加工中心上工件夹具的选择要根据工件精度等级、工件结构特点、产品批量、机床精度等情况综合考虑。推荐选择顺序如下：优先考虑组合夹具，其次考虑可调整夹具，最后考虑专用夹具、成组夹具。当然，还可使用三爪自定心卡盘、机用平口虎钳等通用夹具。

思考与练习 ▶▶

1. 在自动线加工或流水作业中使用固定自动线夹具时需解决好哪些问题？

2. 带有随行夹具的作业线特点是什么？

3. 采用随行夹具时应注意什么问题？

附表1　　　　　　　　支承钉（摘自 JB/T 8029.2—1999）

A型　　　　　B型　　　　　C型

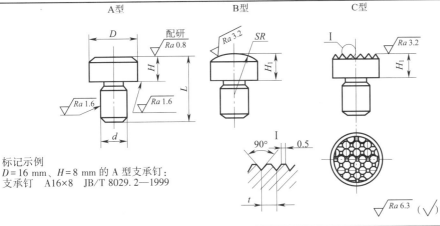

标记示例
$D=16$ mm、$H=8$ mm 的 A 型支承钉：
支承钉　A16×8　JB/T 8029.2—1999

$\sqrt{Ra\,6.3}$ $(\sqrt{\ })$

mm

D	H	H_1		L	d		SR	t
		基本尺寸	极限偏差 h11		基本尺寸	极限偏差 r6		
5	2	2	0 −0.060	6	3		5	1
	5	5		9		+0.016 +0.010		
6	3	3	0 −0.075	8	4		6	
	6	6		11				
8	4	4		12	6		8	12
	8	8	0 −0.090	16		+0.023 +0.015		
12	6	6	0 −0.075		8		12	
	12	12	0 −0.110	22		+0.028 +0.019		
16	8	8	0 −0.090	20	10		16	15
	16	16	0 −0.110	28				
20	10	10	0 −0.090	25	12		20	
	20	20	0 −0.130	35		+0.034 +0.023		
25	12	12	0 −0.110	32	16		25	
	25	25	0 −0.130	45				
30	16	16	0 −0.110	42	20		32	2
	30	30	0 −0.130	55		+0.041 +0.028		
	20	20	0 −0.130	50	24		40	
40	40	40	0 −0.160	70				

附表2　　　　　　　　　支承板（摘自 JB/T 8029.1—1999）

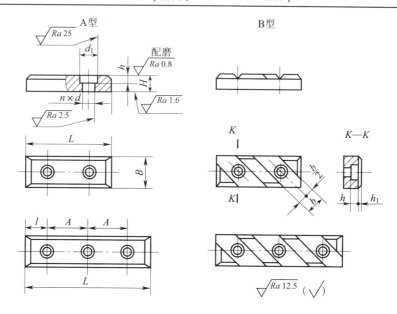

标记示例

$H=16$ mm、$L=100$ mm 的 A 型支承板：支承板　A16×100　JB/T 8029.1—1999

mm

H	L	B	b	l	A	d	d_1	h	h_1	孔数 n
6	30	12	—	7.5	15	4.5	8	3	—	2
	45									3
8	40	14		10	20	5.5	10	3.5		2
	60									3
10	60	16	14	15	30	6.6	11	4.5		2
	90									3
12	80	20	17	20	40	9	15	6	1.5	2
	120									3
16	100	25								2
	160				60					3
20	120	32	20	30		11	18	7	2.5	2
	180									3
25	140	40			80					2
	220									3

附表 3　　　　　　　　六角头支承（摘自 JB/T 8026.1—1999）

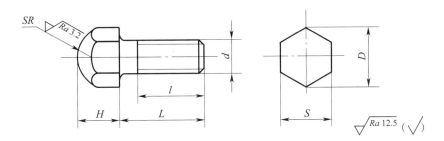

标记示例

d=M10、L=25 mm 的六角头支承：支承　M10×25　JB/T 8026.1—1999

mm

d	M5	M6	M8	M10	M12	M16	M20	M24	M30	M36
$D \approx$	8.63	10.89	12.7	14.2	17.59	23.35	31.2	37.29	47.3	57.7
H	6	8	10	12	14	16	20	24	30	36
SR	5						12			
S　基本尺寸	8	10	11	13	17	21	27	34	41	50
S　极限偏差	0 / −0.220		0 / −0.270			0 / −0.330		0 / −0.620		

L 与 l（表中数值为 l）

L	M5	M6	M8	M10	M12	M16	M20	M24	M30	M36
15	12	12								
20	15	15	15							
25	20	20	20	20						
30		25	25	25	25					
35			30	30	30	30				
40			35	35	35	35	30			
45							35	30		
50			40	40	40	40		35		
60					45	45	40	40	35	
70						50	50	50	45	45
80						60	60	55	50	50
90								60	60	50
100							70	70	60	60
120								80	70	60
140									100	90
160										100

附表 4　　　　　　　　　调节支承（摘自 JB/T 8026.4—1999）

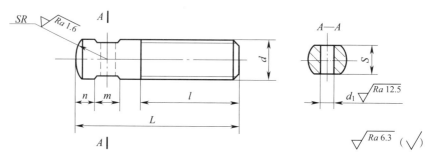

标记示例

d＝M12、L＝50 mm 的调节支承：支承　M12×50　JB/T 8026.4—1999

mm

d	M5	M6	M8	M10	M12	M16	M20	M24	M30	M36
n	2	3	3	4	5	6	8	10	12	18
m	4	4	5	8	8	10	12	14	16	18
S 基本尺寸	3.2	4	5.5	8	10	13	16	18	27	30
S 极限偏差	0 / −0.180			0 / −0.220		0 / −0.270		0 / −0.330		
d_1	2	2.5	3	3.5	4	5	—	—	—	—
SR	5	6	8	10	12	16	20	24	30	36
L					l					
20	10	10								
25	12	12	12							
30	16	16	16	14						
35		18	18	16						
40			20	20	18					
45			25	25	20					
50			30	30	25	25				
60					30	30				
70					35	40	35			
80						50	45	40		
100							50	50	50	
120								60	70	60
140							80	90	90	80
160										
180										100
200										
220									100	
250										
280										150
320										

附表 5　　　　　　　**圆柱头调节支承（摘自 JB/T 8026.3—1999）**

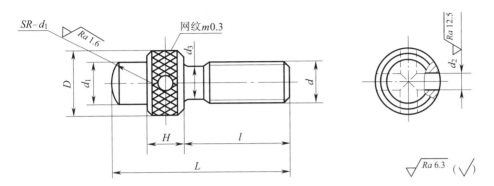

标记示例
d＝M10、L＝45 mm 的圆柱头调节支承：支承　M10×45　JB/T 8026.3—1999

mm

d	M5	M6	M8	M10	M12	M16	M20
D（滚花前）	10	12	14	16	18	22	28
d_1	5	6	8	10	12	16	20
d_2		3		4	5	6	8
d_3	3.7	4.4	6	7.7	9.4	13	16.4
H		6		8	10	12	14
L				l			
25	15						
30	20	20					
35	25	25	25				
40	30	30	30	25			
45	35	35	35	30			
50		40	40	35	30		
60			50	45	40		
70				55	50	45	
80					60	55	50
90						65	60
100						75	70
120							90

附表6 顶压支承（摘自 JB/T 8026.2—1999）

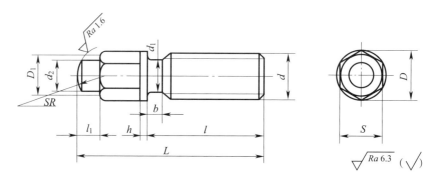

标记示例

d=Tr16×4 左、L=65 mm 的顶压支承：支承　Tr16×4 左×65　JB/T 8026.2—1999

mm

d	$D≈$	L	S 基本尺寸	S 极限偏差	l	l_1	$D_1≈$	d_1	d_2	b	h	SR
Tr16×4 左	16.2	55	13		30	8	13.5	10.9	10			10
		65			40							
		80		0 −0.270	55					5	3	
Tr20×4 左	19.6	70	17		40	10	16.5	14.9	12			12
		85			55							
		100			70							
Tr24×5 左	25.4	85	21		50	12	21	17.4	16	6.5	4	16
		100			65							
		120		0 −0.330	85							
Tr30×6 左	31.2	100	27		65	15	26	22.2	20			20
		120			75					7.5	5	
		140			95							
Tr36×6 左	36.9	120	34		65	18	31	28.2	24			24
		140		0 −0.620	85							
		160			105							

附表 7　　　　　　**小定位销（摘自 JB/T 8014.1—1999）**

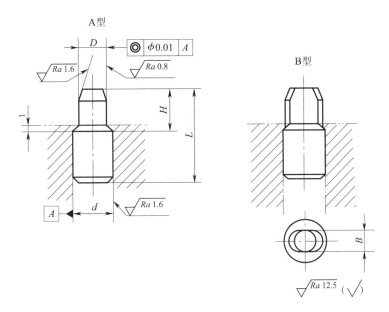

标记示例
$D=2.5$ mm、公差带为 f7 的 A 型小定位销：定位销　A2.5f7　JB/T 8014.1—1999

mm

D	H	d		L	B
		基本尺寸	极限偏差 r6		
1~2	4	3	+0.016 +0.010	10	D-0.3
>2~3	5	5	+0.023 +0.015	12	D-0.6

注：D 的公差带按设计要求决定。

附表 8　　　　　**固定式定位销（摘自 JB/T 8014.2—1999）**

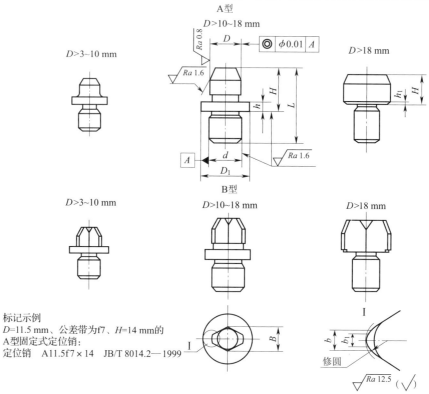

标记示例
D=11.5 mm、公差带为f7、H=14 mm的
A型固定式定位销：
　　定位销　A11.5f7×14　JB/T 8014.2—1999

mm

D	H	d 基本尺寸	d 极限偏差 r6	D_1	L	h	h_1	B	b	b_1
>3~6	8	6	+0.023 +0.015	12	16	3	—	D-0.5	2	1
	14				22	7				
>6~8	10	8	+0.028 +0.019	14	20	3	—	D-1	3	2
	18				28	7				
>8~10	12	10		16	24	4	—			
	22				34	8				
>10~14	14	12		18	26	4		D-2	4	3
	24				36	9				
>14~18	16	15		22	30	5				
	26				40	10				
>18~20	12	12	+0.034 +0.023		26		1			
	18				32					
	28				42					
>20~24	14	15			30	—	2	D-3	5	
	22				38					
	32				48					
>24~30	16				36			D-4		
	25				45					
	34				54					
>30~40	18	18	+0.041 +0.028		42		3	D-5	6	4
	30				54					
	38				62					
>40~50	20	22			50				8	5
	35				65					
	45				75					

注：D 的公差带按设计要求决定。

附表 9　　　　　　　可换定位销（摘自 JB/T 8014.3—1999）

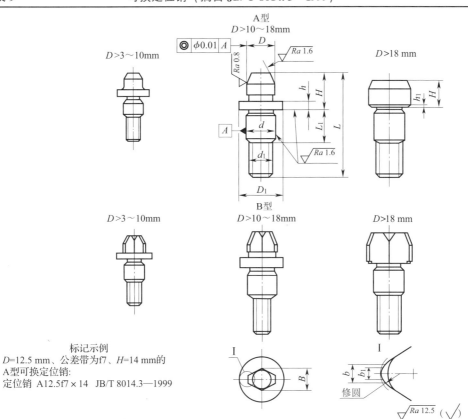

标记示例
D=12.5 mm、公差带为 f7、H=14 mm的
A型可换定位销:
定位销 A12.5f7×14　JB/T 8014.3—1999

mm

D	H	d		d_1	D_1	L	L_1	h	h_1	B	b	b_1
		基本尺寸	极限偏差 h6									
>3~6	8	6	0 -0.008	M5	12	26	8	3		D-0.5	2	1
	14					32		7				
>6~8	10	8	0 -0.009	M6	14	28		3		D-1	3	2
	18					36		7				
>8~10	12	10		M8	16	35	10	4	—			
	22					45		8				
>10~14	14	12		M10	18	40	12	4		D-2	4	3
	24					50		9				
>14~18	16	15		M12	22	46	14	5				
	26					56		10				
>18~20	12	12	0 -0.011	M10		40	12		1			
	18					46						
	28					55						
>20~24	14	15		M12		45	14		2	D-3	5	
	22					53						
	32					63						
>24~30	16				—	50	16	—		D-4		
	25					60						
	34					68						
>30~40	18	18	0 -0.013	M16		60	20		3	D-5	6	4
	30					72						
	38					80						
>40~50	20	22		M20		70	25				8	5
	35					85						
	45					95						

注：D 的公差带按设计要求决定。

附表 10　　　　　　　　　　**定位插销（摘自 JB/T 8015—1999）**

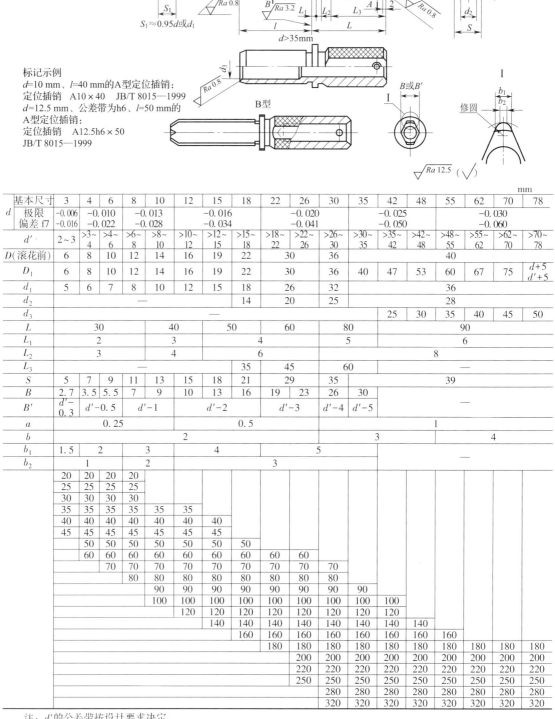

标记示例

$d=10$ mm、$l=40$ mm的A型定位插销：
定位插销　A10×40　JB/T 8015—1999
$d=12.5$ mm、公差带为h6、$l=50$ mm的
A型定位插销：
定位插销　A12.5h6×50
JB/T 8015—1999

mm

基本尺寸	3	4	6	8	10	12	15	18	22	26	30	35	42	48	55	62	70	78
d 极限偏差 f7	-0.006/-0.016	-0.010/-0.022	-0.010/-0.022	-0.013/-0.028	-0.013/-0.028	-0.016/-0.034	-0.016/-0.034	-0.016/-0.034	-0.020/-0.041	-0.020/-0.041	-0.020/-0.041	-0.025/-0.050	-0.025/-0.050	-0.025/-0.050	-0.030/-0.060	-0.030/-0.060	-0.030/-0.060	-0.030/-0.060
d'	2~3	>3~4	>4~6	>6~8	>8~10	>10~12	>12~15	>15~18	>18~22	>22~26	>26~30	>30~35	>35~42	>42~48	>48~55	>55~62	>62~70	>70~78
D(滚花前)	6	8	10	12	14	16	19	22	30	30	30	36	36	36	40	40	40	40
D_1	6	8	10	12	14	16	19	22	30	30	30	36	40	47	53	60	67	75 / $d+5$ / $d'+5$
d_1	5	6	7	8	10	12	15	18	26	26	32	36	36	36	36	36	36	36
d_2	—	—	—	—	—	—	14	14	20	20	25	25	28	28	28	28	28	28
d_3	—	—	—	—	—	—	—	—	—	—	—	—	25	30	35	40	45	50
L	30	30	30	30	40	40	50	50	60	60	80	80	90	90	90	90	90	90
L_1	2	2	2	2	3	3	4	4	5	5	6	6	6	6	6	6	6	6
L_2	3	3	3	3	4	4	4	4	6	6	6	6	8	8	8	8	8	8
L_3	—	—	—	—	—	—	35	35	45	45	60	60	—	—	—	—	—	—
S	5	7	9	11	13	15	18	21	29	29	29	35	39	39	39	39	39	39
B	2.7	3.5	5.5	7	9	9	10	13	16	19	23	26	30					
B'	$d'-0.3$	$d'-0.5$	$d'-0.5$	$d'-1$	$d'-1$	$d'-2$	$d'-2$	$d'-2$	$d'-3$	$d'-3$	$d'-4$	$d'-5$	—	—	—	—	—	—
a	0.25	0.25	0.25	0.25	0.25	0.25	0.5	0.5	0.5	0.5	0.5	0.5	1	1	1	1	1	1
b	2	2	2	2	2	2	2	2	2	2	2	3	3	3	4	4	4	4
b_1	1.5	2	2	3	3	3	4	4	4	5	5	5	5	5	5	5	5	5
b_2	1	1	1	2	2	2	3	3	3	3	3	3	3	3	3	3	3	3
l	20	20	20	20														
	25	25	25	25														
	30	30	30	30														
	35	35	35	35	35	35												
	40	40	40	40	40	40	40											
	45	45	45	45	45	45	45											
			50	50	50	50	50	50	50									
			60	60	60	60	60	60	60	60								
			70	70	70	70	70	70	70	70	70							
				80	80	80	80	80	80	80	80							
						90	90	90	90	90	90	90	90					
						100	100	100	100	100	100	100	100	100				
							120	120	120	120	120	120	120	120				
							140	140	140	140	140	140	140	140				
								160	160	160	160	160	160	160	160			
								180	180	180	180	180	180	180	180	180	180	180
									200	200	200	200	200	200	200	200	200	200
									220	220	220	220	220	220	220	220	220	220
									250	250	250	250	250	250	250	250	250	250
												280	280	280	280	280	280	280
												320	320	320	320	320	320	320

注：d' 的公差带按设计要求决定。

附表 11　　　　　　　　　　内拨顶尖（摘自 JB/T 10117.1—1999）

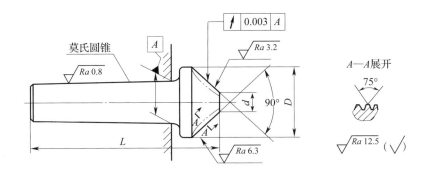

标记示例

莫氏圆锥 4 号的内拨顶尖：顶尖　4　JB/T 10117.1—1999

mm

规格	莫氏圆锥				
	2	3	4	5	6
D	30	50	75	95	120
L	85	110	150	190	250
d	6	15	20	30	50

附表 12　　　　　　　　　夹持式内拨顶尖（摘自 JB/T 10117.2—1999）

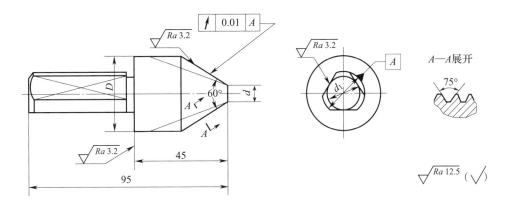

标记示例

$d=12$ mm 的夹持式内拨顶尖：顶尖　12　JB/T 10117.2—1999

mm

	基本尺寸	12	16	20	25	32	40	50	63	80	100
d	极限偏差					0 −0.5					
D		35	40	45	50	55	63	75	90	110	125
d_1		20		25		30		45		50	60

附表 13　　　　　　　　　　　**V 形块（摘自 JB/T 8018. 1—1999）**

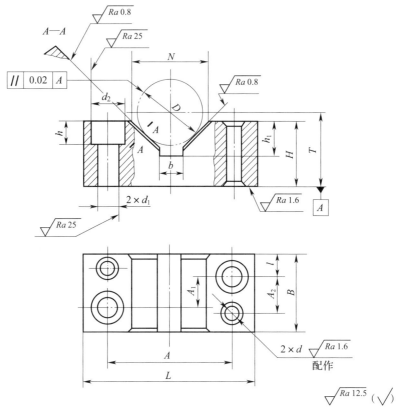

标记示例

$N = 24$ mm 的 V 形块：V 形块　24　JB/T 8018. 1—1999

mm

N	D	L	B	H	A	A_1	A_2	b	l	d 基本尺寸	d 极限偏差 H7	d_1	d_2	h	h_1
9	5~10	32	16	10	20	5	7	2	5.5	4		4.5	8	4	5
14	>10~15	38	20	12	26	6	9	4	7			5.5	10	5	7
18	>15~20	46	25	16	32	9	12	6	8	5	+0.012 0	6.6	11	6	9
24	>20~25	55		20	40			8							11
32	>25~35	70	32	25	50	12	15	12	10	6		9	15	8	14
42	>35~45	85	40	32	64	16	19	16	12	8	+0.015 0	11	18	10	18
55	>45~60	100		35	76			20							22
70	>60~80	125	50	42	96	20	25	30	15	10		13.5	20	12	25
85	>80~100	140		50	110			40							30

注：尺寸 T 按公式 $T = H + 0.707D - 0.5N$ 计算。

附表 14　　　　　　　　　　**固定 V 形块（摘自 JB/T 8018.2—1999）**

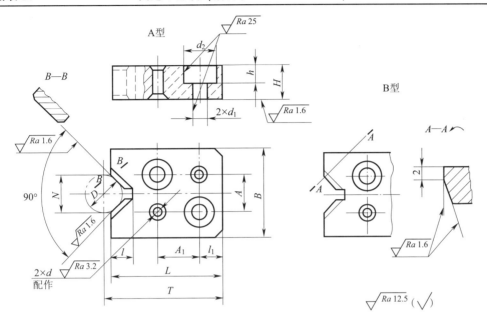

标记示例

$N=18$ mm 的 A 型固定 V 形块：V 形块　A18　JB/T 8018.2—1999

mm

N	D	B	H	L	l	l_1	A	A_1	d 基本尺寸	d 极限偏差 H7	d_1	d_2	h
9	5~10	22	10	32	5	6		13	4		4.5	8	4
14	>10~15	24	12	35	7	7	10	14	5	+0.012 0	5.5	10	5
18	>15~20	28	14	40	10	8	12				6.6	11	6
24	>20~25	34		45	12	10	15	15	6				
32	>25~35	42	16	55	16	12	20	18	8		9	15	8
42	>35~45	52		68	20	14	26	22		+0.015 0			
55	>45~60	65	20	80	25	15	35	28	10		11	18	10
70	>60~80	80	25	90	32	18	45	35	12	+0.018 0	13.5	20	12

注：尺寸 T 按公式 $T=L+0.707D-0.5N$ 计算。

附表 15　　　　　　调整 V 形块（摘自 JB/T 8018.3—1999）

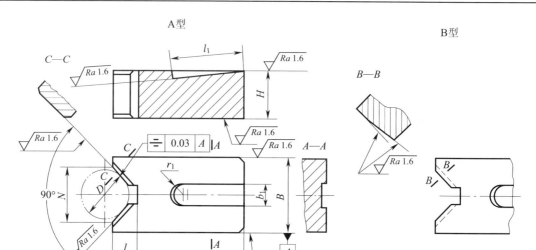

标记示例

$N = 18$ mm 的 A 型调整 V 形块：V 形块　A18　JB/T 8018.3—1999

mm

N	D	B		H		L	l	l_1	r_1
		基本尺寸	极限偏差 f7	基本尺寸	极限偏差 f9				
9	5~10	18	−0.016 −0.034	10	−0.013 −0.049	32	5	22	4.5
14	>10~15	20	−0.020 −0.041	12	−0.016 −0.059	35	7		4.5
18	>15~20	25		14		40	10	26	
24	>20~25	34	−0.025 −0.050	16		45	12	28	5.5
32	>25~35	42				55	16	32	
42	>35~45	52	−0.030 −0.060	20	−0.020 −0.072	70	20	40	6.5
55	>45~60	65				85	25	46	
70	>60~80	80		25		105	32	60	

附表 16　　　　　　　　活动 V 形块（摘自 JB/T 8018.4—1999）

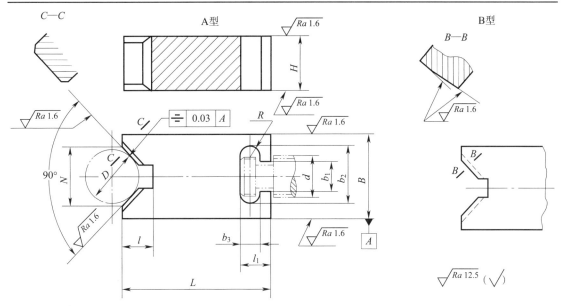

标记示例

$N=18$ mm 的 A 型活动 V 形块：V 形块　A18　JB/T 8018.4—1999

mm

N	D	B		H		L	l	l_1	b_1	b_2	b_3	相配件 d
		基本尺寸	极限偏差 f7	基本尺寸	极限偏差 f9							
9	5~10	18	−0.016 −0.034	10	−0.013 −0.049	32	5	6	5	10	4	M6
14	>10~15	20	−0.020 −0.041	12	−0.016 −0.059	35	7	8	6.5	12	5	M8
18	>15~20	25		14		40	10	10	8	15	6	M10
24	>20~25	34	−0.025 −0.050	16		45	12	12	10	18	8	M12
32	>25~35	42				55	16	13	13	24	10	M16
42	>35~45	52	−0.030 −0.060	20	−0.020 −0.072	70	20					
55	>45~60	65				85	25	15	17	28	11	M20
70	>60~80	80		25		105	32					

附表 17　　　　　定位键（摘自 JB/T 8016—1999）

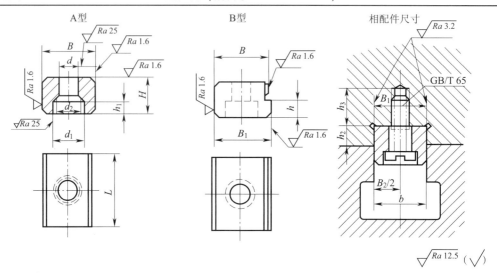

A型　　　　　B型　　　　　相配件尺寸

标记示例

$B=18$mm、公差带为 h6 的 A 型定位键：定位键　A18h6　JB/T 8016—1999

mm

B			B₁	L	H	h	h₁	d	d₁	d₂	相配件						
											T形槽宽度	B₂			h₂	h₃	螺钉 GB/T 65
基本尺寸	极限偏差 h6	极限偏差 h8									b	基本尺寸	极限偏差 H7	极限偏差 JS6			
8	0 −0.009	0 −0.022	8	14	8	3	3.4	3.4	6	—	8	8	+0.015 0	±0.004 5	4	8	M3×10
10			10	16			4.6	4.5	8		10	10					M4×10
12	0 −0.011	0 −0.027	12	20			5.7	5.5	10		12	12	+0.018 0	±0.005 5		10	M5×12
14			14								14	14					
16			16	25	10	4					(16)	(16)			5		
18			18				6.8	6.6	11		18	18				13	M6×16
20	0 −0.013	0 −0.033	20	32	12	5					(20)	(20)	+0.021 0	±0.006 5	6		
22			22								22	22					
24			24	40	14	6	9	9	15		(24)	(24)			7	15	M8×20
28			28		16	7					28	28			8		
36	0 −0.016	0 −0.039	36	50	20	9	13	13.5	20	16	36	36	+0.025 0	±0.008	10	18	M12×25
42			42	60	24	10					42	42			12		M12×30
48			48	70	28	12					48	48			14		M16×35
54	0 −0.019	0 −0.046	54	80	32	14	17.5	17.5	26	18	54	54	+0.030 0	±0.009 5	16	22	M16×40

注：1. 尺寸 B_1 留磨量 0.5 mm 按机床 T 形槽宽度配作，公差带为 h6 或 h8。
　　2. 括号内尺寸尽量不采用。

附表 **18**　　　　　　　　　　　**定向键（摘自 JB/T 8017—1999）**

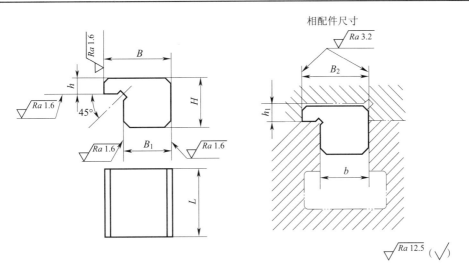

标记示例

B = 24 mm、B_1 = 18 mm、公差带为 h6 的定向键：定向键　24×18h6　JB/T 8017—1999

mm

B		B_1	L	H	h	相配件			
						T形槽宽度 b	B_2		h_1
基本尺寸	极限偏差 h6						基本尺寸	极限偏差 H7	
18	0 −0.011	8	20	12	4	8	18	+0.018 0	6
		10				10			
		12				12			
		14				14			
24	0 −0.013	16	25	18	5.5	(16)	24	+0.021 0	7
		18				18			
		20				(20)			
28		22	40	22	7	22	28		9
		24				(24)			
36	0 −0.016	28				28	36	+0.025 0	
48		36	50	35	10	36	48		12
		42				42			
60	0 −0.019	48	65	50	12	48	60	+0.030 0	14
		54				54			

注：1. 尺寸 B_1 留磨量 0.5 mm 按机床 T 形槽宽度配作，公差带为 h6 或 h8。

　　2. 括号内尺寸尽量不采用。

附表 19　　　　固定钻套（摘自 JB/T 8045.1—1999）

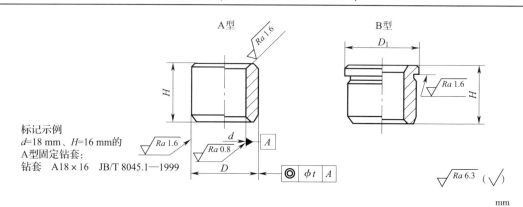

标记示例
d=18 mm、H=16 mm 的
A型固定钻套：
钻套　A18×16　JB/T 8045.1—1999

mm

d		D		D_1	H			t
基本尺寸	极限偏差 F7	基本尺寸	极限偏差 D6					
> 0 ~ 1	+0.016 +0.006	3	+0.010 +0.004	6	6	9	—	0.008
> 1 ~ 1.8		4		7				
> 1.8 ~ 2.6		5		8				
> 2.6 ~ 3		6	+0.016 +0.008	9	8	12	16	
> 3 ~ 3.3	+0.022 +0.010							
> 3.3 ~ 4		7		10				
> 4 ~ 5		8	+0.019 +0.010	11				
> 5 ~ 6		10		13	10	16	20	
> 6 ~ 8	+0.028 +0.013	12		15				
> 8 ~ 10		15	+0.023 +0.012	18	12	20	25	
> 10 ~ 12	+0.034 +0.016	18		22				
> 12 ~ 15		22		26	16	28	36	
> 15 ~ 18		26	+0.028 +0.015	30				
> 18 ~ 22	+0.041 +0.020	30		34	20	36	45	0.012
> 22 ~ 26		35		39				
> 26 ~ 30		42	+0.033 +0.017	46	25	45	56	
> 30 ~ 35		48		52				
> 35 ~ 42	+0.050 +0.025	55		59	30	56	67	
> 42 ~ 48		62		66				
> 48 ~ 50		70	+0.039 +0.020	74				
> 50 ~ 55								
> 55 ~ 68	+0.060 +0.030	78		82	35	67	78	
> 62 ~ 70		85		90				0.04
> 70 ~ 78		95		100				
> 78 ~ 80		105	+0.045 +0.023	110	40	78	105	
> 80 ~ 85	+0.071 +0.036							

附表 20　　可换钻套(摘自 JB/T 8045.2—1999)

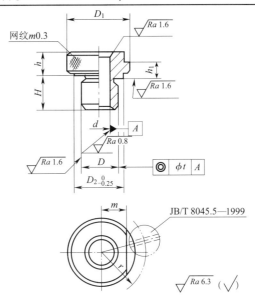

标记示例
d=12 mm、公差带为F7、D=18 mm、
公差带为K6，H=16 mm的可换钻套:
钻套　12F7×18K6×16　JB/T 8045.2—1999

mm

d 基本尺寸	d 极限偏差 F7	D 基本尺寸	D 极限偏差 m6	D 极限偏差 l6	D_1 滚花前	D_2	H			h	h_1	r	m	t	配用螺钉 JB/T 8045.5—1999
>0~3	+0.016 / +0.006	8	+0.015 / +0.006	+0.010 / +0.001	15	12	10	16	—	8	3	11.5	4.2	0.008	M5
>3~4	+0.022 / +0.010														
>4~6		10	+0.018 / +0.007	+0.012 / +0.001	18	15	12	20	25			13	5.5		
>6~8	+0.028 / +0.013	12			22	18						16	7		M6
>8~10		15			26	22	16	28	36	10	4	18	9		
>10~12	+0.034 / +0.016	18			30	26						20	11		
>12~15		22	+0.021 / +0.008	+0.015 / +0.002	34	30	20	36	45			23.5	12		M8
>15~18		26			39	35						26	14.5		
>18~22	+0.041 / +0.020	30			46	42	25	45	56	12	5.5	29.5	18	0.012	
>22~26		35			52	46						32.5	21		
>26~30		42	+0.025 / +0.009	+0.018 / +0.002	59	53						36	24.5		
>30~35		48			66	60	30	56	67			41	27		
>35~42	+0.050 / +0.025	55			74	68						45	31		
>42~48		62			82	76						49	35		
>48~50		70	+0.030 / +0.011	+0.021 / +0.002	90	84	35	67	78	16	7	53	39	0.040	M10
>50~55															
>55~62	+0.060 / +0.030	78			100	94	40	78	105			58	44		
>62~70		85			110	104						63	49		
>70~78		95	+0.035 / +0.013	+0.025 / +0.003	120	114						68	54		
>78~80							45	89	112						
>80~85	+0.071 / +0.036	105			130	124						73	59		

注: 当作铰(扩)套使用时，d 的公差带推荐如下:
采用 GB/T 1132 规定的铰刀，铰 H7 孔时，取 F7；铰 H9 孔时，取 E7。铰(扩)其他精度孔时，公差带由设计选定。

附表 21　　　　　　　　快换钻套（摘自 JB/T 8045.3—1999）

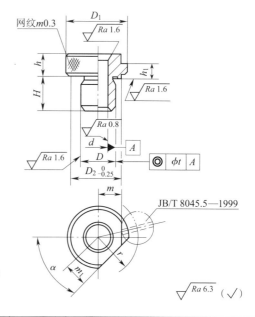

标记示例

d=12 mm、公差带为F7，D=18 mm、
公差带为m6，H=16 mm的快换套钻:
钻套 12F7×18m6×16　JB/T 8045.3—1999

mm

d		D			D_1 滚花前	D_2	H		h	h_1	r	m	m_1	α	t	配用螺钉 JB/T 8045.5—1999
基本尺寸	极限偏差 F7	基本尺寸	极限偏差 m6	极限偏差 h6												
> 0 ~ 3	+ 0.016 + 0.006	8	+ 0.015 + 0.006	+ 0.010 + 0.001	15	12	10	16	—	8	3	11.5	4.2	4.2	50°	0.008	M5
> 3 ~ 4	+ 0.022 + 0.010															
> 4 ~ 6		10			18	15	12	20	25			13	6.5	5.5			
> 6 ~ 8	+ 0.028 + 0.013	12	+ 0.018 + 0.007	+ 0.012 + 0.001	22	18				10	4	16	7	7		0.008	M6
> 8 ~ 10		15			26	22	16	28	36			18	9	9			
> 10 ~ 12	+ 0.034 + 0.016	18			30	26						20	11	11			
> 12 ~ 15		22	+ 0.021 + 0.008	+ 0.016 + 0.002	34	30	20	36	45			23.5	12	12	55°		M8
> 15 ~ 18		26			39	35				12	5.5	26	14.5	14.5			
> 18 ~ 22		30			46	42	25	45	56			29.5	18	18			
> 22 ~ 26	+ 0.041 + 0.020	35	+ 0.025 + 0.009	+ 0.018 + 0.002	52	46						32.5	21	21		0.012	
> 26 ~ 30		42			59	53						36	24.5	25	65°		
> 30 ~ 35		48			66	60	30	56	67			41	27	28			
> 35 ~ 42	+ 0.050 + 0.025	55			74	68						45	31	32			
> 42 ~ 48		62	+ 0.030 + 0.011	+ 0.021 + 0.002	82	76	35	67	78			49	35	36			
> 48 ~ 50		70			90	84				16	7	53	39	40	70°		M10
> 50 ~ 55																	
> 55 ~ 62		78			100	94	40	78	105			58	44	45			
> 62 ~ 70	+ 0.060 + 0.030	85	+ 0.035 + 0.013	+ 0.025 + 0.003	110	104						63	49	50		0.040	
> 70 ~ 78		95			120	114						68	54	55			
> 78 ~ 80		105			130	124	45	89	112			73	59	60	75°		
> 80 ~ 85	+ 0.071 + 0.036																

注：当作铰（扩）套使用时，d 的公差带推荐如下：
采用 GB/T 1132 规定的铰刀，铰 H7 孔时，取 F7；铰 H9 孔时，取 E7。铰（扩）其他精度孔时，公差带由设计选定。

附表 22   典型夹具元件的配合公差

配合类型	元件	应用示例	元件	应用示例
定位元件的配合	固定支承	$D\dfrac{H7}{n6}$	定位销	$d(f7)$ $D\dfrac{H7}{n6}$
	削边销	$d(f7)$ $D\dfrac{H7}{h6}$	大尺寸定位销	$d(f7)$ $D\dfrac{H7}{n6}$
	分度盘轴	$d(f7)$ $D\dfrac{H7}{n6}$		
	盖板式钻模定位销	$D\dfrac{H7}{f7}$		
	可换定位销	$d\dfrac{H7}{f6}$	快换定位销	$D\dfrac{H7}{m6}$ $d\dfrac{H7}{h6}$

续表

配合类型	元件	应用示例	元件	应用示例
定位元件的配合	浮动V形块	$D\dfrac{H7}{f7}$	浮动锥形定位销	$D_1\dfrac{H7}{g6}$ $D_2\dfrac{H7}{m6}$
	辅助支承	$\phi(f7)$ $d\dfrac{H7}{h6}$ $D_1\dfrac{H8}{r9}$ $D\dfrac{H8}{f9}$ $d_1\dfrac{H7}{k6}$ $D_2\dfrac{H7}{r9}$		
夹紧元件的配合	钩形压板	$\dfrac{H8(H9)}{f8(f9)}$	柱塞夹紧元件	$d_1\dfrac{H7}{h6}$ $d_2\dfrac{H7}{d11}$ $d_3\dfrac{g8}{f7}$ $d\dfrac{H7}{h6}$

续表

配合类型	元件	应用示例	元件	应用示例
夹紧元件的配合	切向夹紧元件	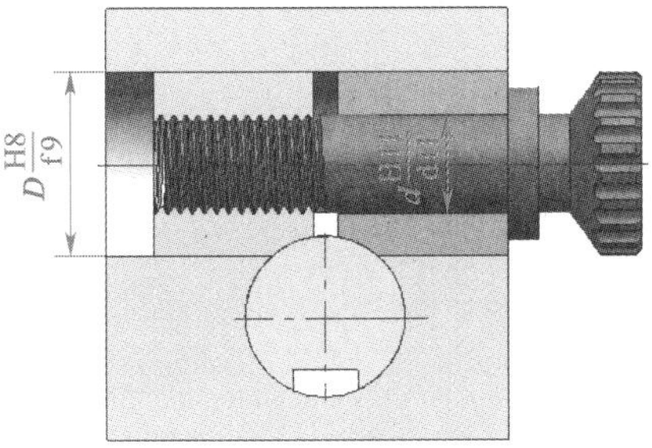	联动夹紧压板	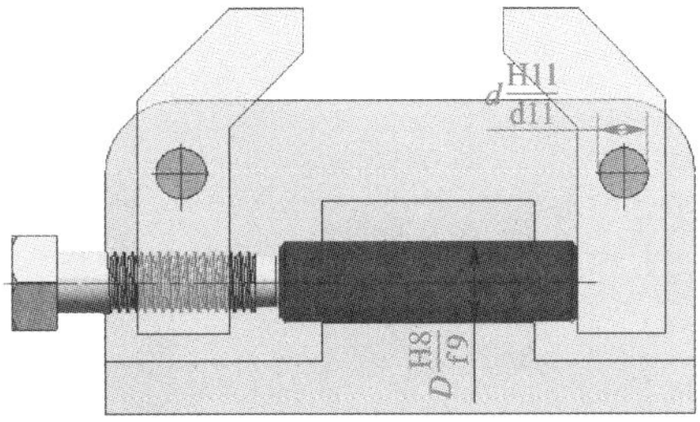
	双向夹紧压板	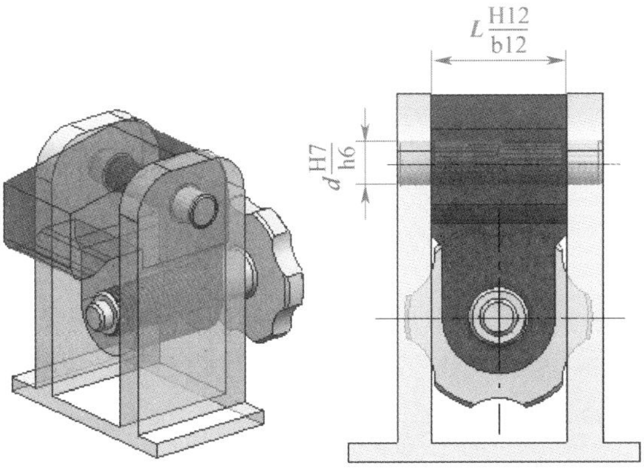		
	偏心夹紧元件	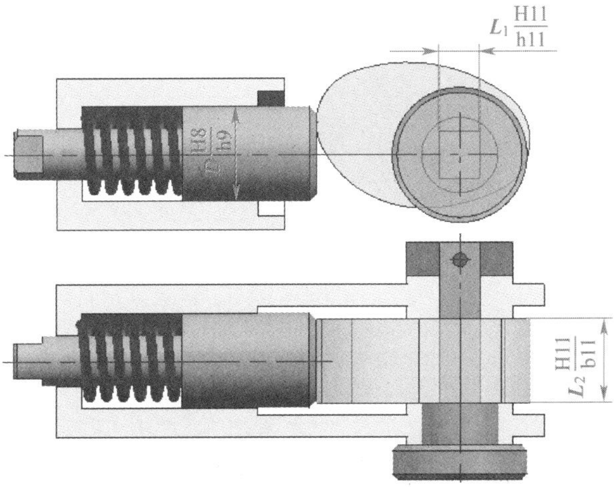		

续表

配合类型	元件	应用示例	元件	应用示例
分度装置的配合	分度用转轴	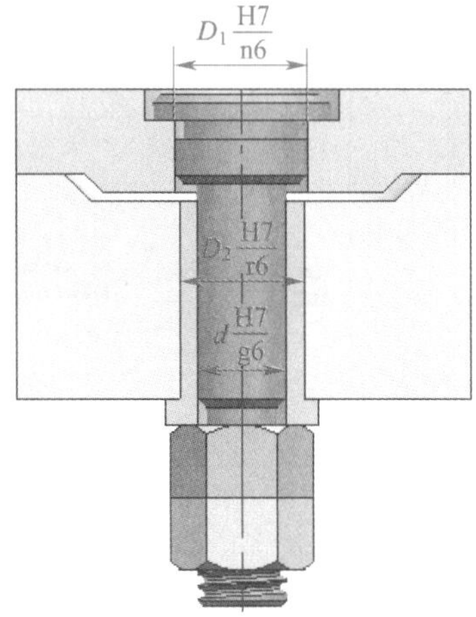	分度插销	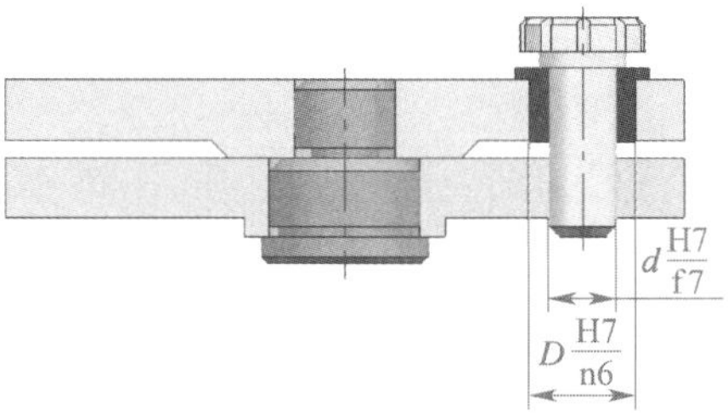
	偏心式定位器	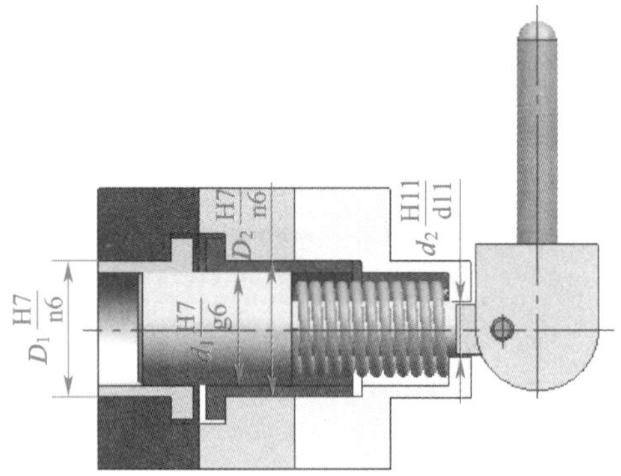 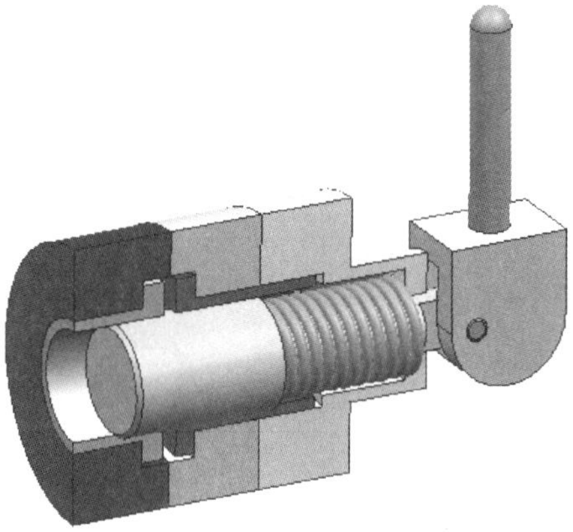		
	杠杆式定位器	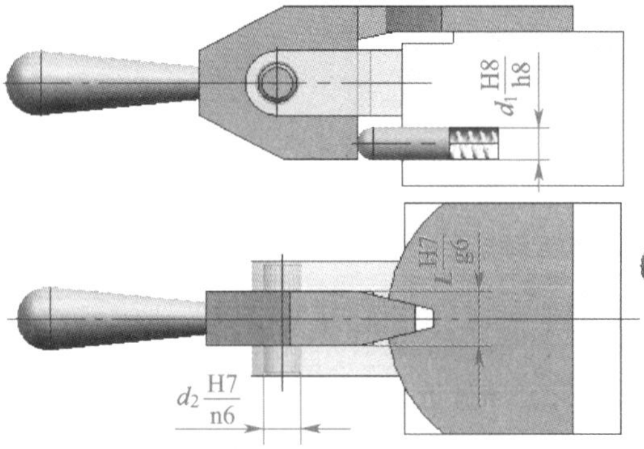 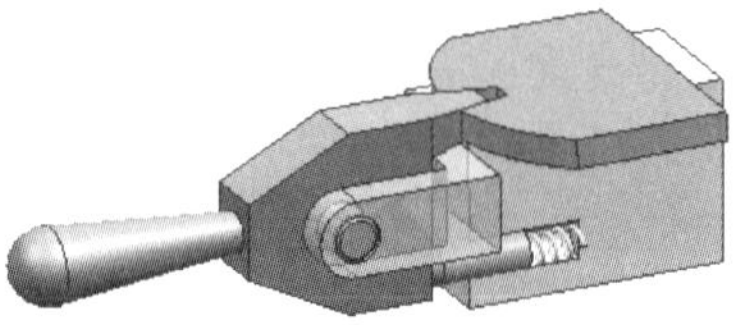		

续表

配合类型	元件	应用示例	元件	应用示例
滑动柱体元件的配合	滑动钳口	$L\dfrac{H7}{f7}$　$H\dfrac{H7}{h6}$	滑动V形块	$H\dfrac{H7}{f7}$　$L\dfrac{H7}{h6}$
	滑动夹具底板	$L\dfrac{H7}{d9}$　$H\dfrac{H7}{f7}$		
固定柱体元件的配合	对刀块	$d\dfrac{H7}{n6}$　$L\dfrac{H7}{m6}$		
	钻模板	$d\dfrac{H7}{n6}$　$D\dfrac{H7}{n6}$　$L\dfrac{H7}{m6}$		

配合类型	元件	应用示例	元件	应用示例
固定柱体元件的配合	固定 V 形块			